Bericht

des

Chemischen Untersuchungsamtes der Stadt Breslau

für die Zeit

vom 1. April bis 31. Dezember 1902.

Im Auftrage des Kuratoriums

erstattet von

Prof. Dr. Bernhard Fischer,
Direktor des Chemischen Untersuchungsamtes der Stadt Breslau,

unter Mitwirkung von

Dr. S. Samelson, und **Dr. E. Springer,**
II. Assistent   III. Assistent.

Springer-Verlag Berlin Heidelberg GmbH 1904

ISBN 978-3-662-32049-5   ISBN 978-3-662-32876-7 (eBook)
DOI 10.1007/978-3-662-32876-7

Inhalts-Übersicht.

	Seite
Vorbemerkung	3
I. Verwaltung im allgemeinen	5
II. Tätigkeit des Amtes	7
III. Einnahmen und Ausgaben	9
IV. Spezieller Teil:	
Bier, Bierdruckapparate	9
Brot, Mehl etc.	11
Fleisch, Wurst	14
Milch, Butter	18
Margarine, Schweineschmalz	31
Wein	34
Leuchtgas, Gaswasser, Gasreinigungsmasse	36
Wasser, Kanalwässer	39
Toxikologische, bezw. forensische Untersuchungen	42
Verschiedenes	48

[Sonderabdruck aus Band XXIII, Heft 3 der „Breslauer Statistik".]

Vorbemerkung.

Mit dem vorliegenden Berichte, welcher die Zeit vom 1. April bis zum 31. Dezember 1902 umfaßt, erfährt die Reihe unserer Jahresberichte vorläufig ihren Abschluß. Durch eine Verfügung des preußischen Ministeriums ist nämlich für die Berichterstattung der amtlichen Anstalten zur Untersuchung von Nahrungsmitteln etc. angeordnet worden, daß diese Anstalten ihre Berichte nunmehr an die Zentralbehörde zu erstatten haben, von welcher sie in der Form eines „Sammelberichtes" herausgegeben werden sollen. — Der erste dieser an die Zentralbehörde zu erstattende Bericht bezieht sich auf die Zeit vom 1. Januar bis zum 31. Dezember 1903. — Dies ist auch der Grund dafür, daß unser vorliegender, letzter Bericht nicht ein volles Geschäftsjahr, sondern nur die Zeit vom 1. April bis zum 31. Dezember 1902 behandelt.

Die Erstattung eines Jahresberichtes über jedes abgelaufene Geschäftsjahr ist eine nach der Dienstinstruktion dem jedesmaligen Direktor des Amtes zukommende Obliegenheit. In Erledigung dieser Pflicht wurde der erste Bericht von dem ersten Direktor des Amtes, Prof. Dr. Gscheidlen, über die Zeit vom 1. Mai 1881 bis zum 31. März 1882 erstattet. Derselbe enthielt, abgesehen von statistischen Mitteilungen über die Tätigkeit, namentlich Angaben über die Einrichtung und Organisation des Amtes und umfaßte 5 Druckseiten. — In ähnlicher Weise beschränkten sich die folgenden Berichte zumeist auf statistische Notizen über die Tätigkeit, Einnahmen und Ausgaben u. dergl. — Das 5jährige Bestehen der Anstalt gab im Jahre 1886 die Veranlassung zur Herausgabe eines ausführlicheren, etwa 3 Druckbogen umfassenden Berichtes, welcher die Gründung, Einrichtung, Organisation und Tätigkeit des Amtes, sowie dessen bewährte Buchführung wesentlich ausführlicher behandelte.

Als nach dem im Jahre 1889 erfolgten Tode des Prof. Gscheidlen der gegenwärtige Direktor die Leitung des Amtes übernommen hatte, gab das Kuratorium dem Wunsche Ausdruck, die Erstattung des Jahresberichtes solle sich nicht mehr wie bisher auf die Aufzählung trockener Zahlen beschränken, es solle vielmehr der Versuch gemacht werden, die Berichterstattung etwas interessanter und belehrender zu gestalten dadurch, daß Fragen aus dem Gebiete der Nahrungsmittel-Kontrolle von allgemeinem Interesse, weiterhin Fragen aus dem Gebiete der Rechtsprechung zur Erörterung gelangen, daß ferner interessantere Fälle aus der Praxis des Amtes mitgeteilt werden sollten.

Der erste, dieser Anregung nachkommende Bericht behandelte das Geschäftsjahr 1889/90, seitdem folgten diese erweiterten Berichte in Zwischenräumen von je einem Jahre, sodaß also insgesamt 14 solcher Berichte veröffentlicht worden sind.

Die Ziele, welche uns bei der Bearbeitung dieser Berichte vorgeschwebt haben, waren etwa folgende:

Zunächst hatten wir die Absicht, unserer vorgesetzten Behörde, den Bürgern der Stadt Breslau, unseren Fachgenossen und sonstigen Interessenten Rechenschaft abzulegen von unserer Tätigkeit. Dabei lag es uns durchaus fern, etwa den Anspruch zu erheben, die Nahrungsmittel-Kontrolle in Breslau habe einen idealen Zustand erreicht. Im Gegenteil waren wir in unseren Darlegungen bemüht, auch auf die Mängel hinzuweisen, welche dieser Kontrolle jeweilig noch anhafteten. Zu diesem Zwecke haben wir unsere gesamte Geschäftstätigkeit zu jedermanns Kenntnis offen und klar dargelegt einschließlich der genauen Bilanz für jedes Geschäftsjahr. — Wir beabsichtigten ferner Mitteilungen zu machen über häufiger vorkommende oder seltener beobachtete Verfälschungen etc., der Praxis entstammende kritische Beiträge zu bringen über die Methoden zur Untersuchung der Nahrungsmittel, auf etwaige Mängel und Lücken der einschlägigen Gesetzgebung aufmerksam zu machen, und Vorschläge zu machen, um die nach unserer Auffassung notwendige Abhilfe zu schaffen, strittige Fragen zur Erörterung zu bringen. Es war weiter unser Wunsch, wichtigere Fälle aus unserer Praxis zur allgemeinen Kenntnis zu bringen und die von uns gemachten wissenschaftlichen Erfahrungen unseren Fachgenossen zur Verfügung zu stellen. Endlich wollten wir jede sich darbietende Gelegenheit benutzen, um belehrend, aufklärend zu wirken, kurz etwas Nützliches zu schaffen.

Inwieweit es uns gelungen ist, dieses Ziel zu erreichen, darüber steht uns ein Urteil nicht zu. Wenn wir aber am Schluß unserer Berichterstattung erwägen, daß eine ganze Anzahl solcher Fragen, welche von uns auf diesem Wege zur öffentlichen Besprechung gestellt worden sind, im Verlaufe der Jahre gesetzliche Regelung in dem von uns befürworteten Sinne gefunden hat, so können wir wohl den Anspruch erheben, auch unsererseits ein Scherflein zur Lösung dieser Fragen beigetragen zu haben.

Wenn wir ferner erwägen, in wie zahlreichen Fällen unsere „Jahresberichte" uns in engeren Verkehr mit auswärtigen Fachgenossen gebracht haben in dem Sinne, daß diese unseren speziellen Rat erbaten in Fragen, welche nach den Mitteilungen in unseren Berichten Teile unseres besonderen Arbeitsgebietes darstellen, so glauben wir, auch bezüglich der wissenschaftlichen Anregung nicht umsonst gearbeitet zu haben.

So hat uns diese berichterstattende Tätigkeit im großen und ganzen recht viel Freude und Befriedigung gebracht.

Allerdings darf nicht verschwiegen werden, daß unsere Jahresberichte auch abfälliger Kritik unterzogen worden sind. Wir haben uns hierüber mit dem Bewußtsein trösten müssen, daß es unmöglich ist, allen alles recht zu machen.

Einen Nachteil hat allerdings die von uns gepflegte Art der Berichterstattung gehabt: Unsere Berichte, welche in Form von Sonderabzügen an Interessenten versendet wurden, waren in erster Linie für unsere vorgesetzte Behörde bestimmt und wurden demgemäß zunächst in der „Breslauer Statistik" veröffentlicht. Dieser Umstand hatte zur Voraussetzung, daß ihnen ein nur beschränkter Raum zugestanden werden konnte. Die Folge hiervon aber war wiederum, daß wir unsere wissenschaftliche

Tätigkeit nicht in ausdrucksvoller Weise zur Darstellung bringen konnten. Eine Mitteilung, welche in unseren Berichten den Raum einer halben oder einer ganzen Druckseite einnahm, stellte ein auf den knappsten Umfang zusammengepreßtes Autoreferat dar. — Die nämliche Mitteilung hätte wesentlich ausdrucksvoller sich gestaltet, wenn sie in einer wissenschaftlichen Zeitschrift mit allem drum und dran auf den Raum von 4 oder 6 Seiten ausgedehnt worden wäre.

Wir werden voraussichtlich in der Lage sein, künftig die zuletzt angedeutete Art der Berichterstattung etwas mehr zu pflegen als dies bisher möglich war.

Wenn wir mit dem nunmehr folgenden Berichte die Reihe unserer Jahresberichte bis auf weiteres vorläufig abschließen, so behalten wir uns doch vor, sobald es uns geboten erscheint, die Berichterstattung wieder aufzunehmen in dem Rahmen, der uns durch die eingangs erwähnte ministerielle Verfügung zugemessen ist.

I. Verwaltung im allgemeinen.

In der Organisation des Amtes hat seit Erstattung des letzten Jahresberichts eine Änderung nicht stattgefunden.

Das Kuratorium bestand während der Berichtszeit aus den Herren: Stadtrat Muehl als Vorsitzendem, Apotheker Bluhm, Professor Dr. Buchwald, Kaufmann und Handelsrichter Moeser und Generaldirektor Dr. Richters als Mitgliedern.

Die Leitung des Amtes führte der Direktor desselben, Professor Dr. Fischer. Als wissenschaftliche Mitarbeiter standen diesem zur Seite am Schlusse des vorigen Berichtsjahres (Ende März 1902): Dr. Sartori erster Assistent, Dr. Grünhagen zweiter Assistent, Dr. Fendler, dritter Assistent, Dr. Bartsch, besoldeter wissenschaftlicher Hilfsarbeiter, Dr. Samelson, freiwilliger wissenschaftlicher Hilfsarbeiter. — Von diesen schieden aus dem Amtsverbande aus Dr. Samelson, um sein Examen als Nahrungsmittelchemiker abzulegen, ferner Dr. Fendler infolge einer Berufung als Abteilungsvorsteher an das pharmazeutisch-chemische Institut zu Dahlem-Berlin. Die Stelle des dritten Assistenten wurde nunmehr Herrn Dr. Samelson übertragen, welcher übrigens während des Monats Juni zur Vertretung beurlaubter Kollegen bei uns tätig gewesen war.

Als freiwillige wissenschaftliche Hilfsarbeiter bezw. zu ihrer Vorbereitung auf das Nahrungsmittelchemiker-Examen waren während der Berichtszeit noch tätig die Herren: Dr. B. Wagner vom 1. Juli bis 31. Dezember 1902 und Dr. A. Seifart vom 1. August 1902 ab.

Der Bestand des wissenschaftlichen Personals des Amtes war demnach zu Ende Dezember 1902 folgender: Direktor: Dr. Fischer, I. Assistent: Dr. Sartori, II. Assistent: Dr. Grünhagen, III. Assistent: Dr. Samelson, besoldeter Hilfsarbeiter: Dr. Bartsch, freiwillige Hilfsarbeiter: Dr. Wagner und Dr. Seifart.

Die Bureauarbeiten versah während der Berichtszeit zunächst der Betriebsverwaltungsassistent Scholz. Nach dessen im Juli erfolgten Tode wurden diese Arbeiten vorerst von den Diätaren Näther und Schleiffer vertretungsweise wahrgenommen, vom September ab dem Hilfsarbeiter Maske übertragen. — Die Obliegenheiten des

Amtsdieners versah auch während der Berichtszeit der Amtsdiener Kleiner, welchem ein jüngerer Hilfsdiener zur Unterstützung beigegeben war.

An ordentlichen Mitteln standen dem Amte zur Bestreitung der sächlichen Ausgaben für das Geschäftsjahr 1902/1903 (d. h. für die Zeit vom 1. April 1902 bis zum 31. März 1903) insgesamt 6 867 ℳ zur Verfügung. Die Ist-Ausgabe für die Berichtszeit (d. h. für die Zeit vom 1. April 1902 bis zum 31. Dezember 1902) beträgt 5806,58 ℳ. Es mag hierzu bemerkt werden, daß es auch in diesem Jahre möglich gewesen ist, das Platin-Inventar des Amtes um mehrere wertvolle Stücke zu bereichern. Am Ende der Berichtszeit enthielt das Platin-Inventar, welches beiläufig allmonatlich einmal genau revidiert wird, 64 Nummern. Bei einem Gewicht von etwas über 2000 gr hatte es einen Metallwert von rund 6000 ℳ.

In die Berichtszeit fielen auch die ziemlich viel Zeit und Mühe in Anspruch nehmenden Vorarbeiten für die „Deutsche Städte-Ausstellung in Dresden". Nachdem beide städtischen Vertretungen sich für die Beschickung dieser Ausstellung entschieden hatten, wurde auch das diesseitige Amt zur Beteiligung aufgefordert.

Die Sammlung, welche infolge dieses Ersuchens für die genannte Ausstellung vorbereitet wurde, umfaßte folgende Gegenstände:

1. Pläne des Amtes und Photographien der Amtsräume.
2. Sammlung der seit der Gründung des Amtes erschienenen Jahresberichte.
3. Druckschrift betr. die Gründung und Entwickelung des Amtes nebst Erläuterung der Ausstellungsgegenstände.
4. Sammlung der von den Amtsmitgliedern veröffentlichten wissenschaftlichen Arbeiten.
5. Sammlung der für Breslau geltenden Polizei-Verordnungen betr. die Überwachung des Nahrungsmittel-Verkehrs.
6. Sammlung der Formulare des Amtes.
7. Sammlung der im Breslauer Untersuchungsamte konstruierten und bewährten Apparate (12 Nummern umfassend).
8. Sammlung interessanter Untersuchungsobjekte aus der Praxis des Amtes (26 Nummern umfassend).

Die genannten Objekte sind inzwischen zu einer ca. 4 qm Tischfläche und ca. 4 qm Wandfläche einnehmenden Sonderausstellung vereinigt worden.

Auf Ersuchen der zuständigen städtischen Behörden hat der Direktor des Amtes während der Berichtszeit folgende zwei Experimental-Vorträge gehalten: 1. Über Erzeugung hoher Temperaturen durch das Thermit-Verfahren. Die Abhaltung dieses Vortrages war durch die Verwaltungen der städtischen Bank und der städtischen Sparkasse beantragt worden. Diese Verwaltungen hatten den Wunsch, sich durch eigene Anschauung darüber zu unterrichten, in wieweit die ihrer Obhut anvertrauten Tresors usw. durch verbrecherische Anwendung von Thermit gefährdet seien. Die gemachten Vorführungen hatten die Anordnung entsprechender Schutzmaßregeln zur Folge. 2. Über flüssige Luft. Dieser Vortrag hatte für die städtischen Verwaltungen mit Rücksicht auf die für die nächste Zukunft in Aussicht stehende Erbauung von Markthallen um so mehr Interesse, als zu jener Zeit die Versendung flüssiger Luft als Eilgut noch nicht möglich war, so daß der Mehrzahl der Hörer diese Vorführungen fremd geblieben waren.

II. Tätigkeit des Amtes.

Es wurden in der abgelaufenen Berichtsperiode, umfassend die Zeit vom 1. April 1902 bis zum 31. Dezember 1902 insgesamt 2235 Untersuchungen ausgeführt. Dieselben verteilen sich wie folgt:

- A. Im Auftrage des Königlichen Polizei-Präsidiums . . 841
- B. = = der Gerichte und anderer Behörden . 281
- C. = = des hiesigen Magistrats 921
- D. = = von Privaten 192

2 235

Hierzu tritt noch die Revision von 1 265 Bierdruck-Apparaten, welche in vorstehender Zusammenstellung nicht einbegriffen sind.

A. Die Untersuchungen, welche im Auftrage des Königlichen Polizei-Präsidiums ausgeführt wurden, betrafen folgende Gegenstände:

(Die in Parenthesen beigefügten Zahlen bezeichnen die untersuchten Fälle, welche beanstandet worden sind.)

I. Nahrungsmittel.

Äpfelscheiben . .	1 mal	Kindermehl . . .	1 mal (1)	Zimmt	8 mal
Backwaren, versch.	7 =	Kunstspeisefett . .	1 = (1)	Zucker	4 =
Bier	6 =	Liköre	16 =	Zuckerzeug	16 =
Bierhefe	1 =	Mandeln	1 =		
Branntwein . . .	49 =	Margarine	20 = (1)	II. Gebrauchsgegenstände.	
Brot	4 =	Milch (unabgerahmt)	218 = (10)		
Butter	60 = (25)	= (abgerahmt) .	76 = (15)	Bierseidel	5 mal (3)
Buttermilch . . .	3 =	Pfeffer	22 =	Fleckseife	1 =
Eier	1 =	Pfefferkuchen . .	1 =	Gummisauger . .	3 =
Eiernudeln	1 =	Pflaumen, gebacken	2 =	Holzwolle (gefärbt)	1 =
Erbsen	1 =	Pflaumenmus . . .	5 =	Lampenschirme . .	3 =
Fische	2 = (1)	Pilze	1 =	Lichte	5 =
Fleisch	56 = (2)	Preßhefe	1 =	Löffel	3 =
Frank-Kaffee . . .	1 =	Pudding-Pulver . .	1 =	Mineralöl	1 = (1)
Graupe	12 =	Rahm	1 =	Papier (gefärbtes) .	2 =
Gries	7 =	Rauchfische . . .	3 = (1)	Salpeter	1 =
Häckerle	1 =	Reis	7 =	Spiritus (denat.) .	16 =
Hafermehl	2 =	Roggenmehl . . .	1 =	Tuschkasten . . .	4 =
Heringe	1 =	Sago	1 =	Wachsstöcke . . .	8 =
Himbeersirup . . .	4 = (2)	Schokolade	3 =		
Hirse	4 =	Schweineschmalz .	6 =	III. Verschiedenes.	
Honig	1 = (1)	Thee, russ.	2 =	Arzneimittel . . .	1 mal
Kakaopulver . . .	9 =	Wein	2 = (1)	Brandstiftungs-	
Käse	10 = (1)	Weizenmehl . . .	8 =	objekte	2 =
Kaffee	5 =	Wurst	105 = (27)	Geheimmittel . . .	2 =
		Zichorie	1 =		

B. Im Auftrage von Gerichten und anderen Behörden wurden folgende Gegenstände untersucht:

Abortivmittel	4 mal	Brandstiftungsobjekte	1 mal	Essig	5 mal
Arsenige Säure . . .	1 =	Branntwein	11 =	Ferrol	2 =
Arzneien	8 =	Butter	52 =	Fischbetäubungsmittel	1 =
Bleiweiß	1 =	Cyder	1 =	Fleisch	1 =
Blutproben	3 =	Dörrgemüse	19 =	Gewebe, zerstörte . .	1 =

— 8 —

Gichtkette	1 mal	Nektar	2 mal	Überführungsobjekte	
Honig	1 =	Perubalsam	1 =	verschiedene	10 mal
Kakao	4 =	Pfeffer	1 =	Urkunden	5 =
Käse	2 =	Pfefferminzöl	1 =	Wasser	64 =
Kleidungsstücke	13 =	Pflanzenbutter	2 =	Weizenmehl	2 =
Leichenteile	29 =	Putztücher	3 =	Wurst	2 =
Likör	1 =	Rohrteile	3 =	Wurstfarbe	2 =
Margarine	4 =	Roßhaare	3 =	Zinkmetall	1 =
Maschinenöl	2 =	Schreihähne	1 =	Zinnober	1 =
Mastpulver	1 =	Schwefel	1 =	Zucker	1 =
Mehl	2 =	Tierkadaver	4 =		

C. Die Untersuchungen, welche im Auftrage des Magistrats zu Breslau und der diesem unterstellten Verwaltungen ausgeführt wurden, betrafen folgende Gegenstände:

Alkohol	1 mal	Koks	1 mal	Pissoiröl	2 mal
Anstrichfarbe	1 =	Kupferdraht	1 =	Rieselwasser	36 =
Antinaphthalin	1 =	Kupferlegierung	3 =	Schmierfett	7 =
Asphalt	3 =	Kupferrohr	2 =	Schmieröl	98 =
Arznei	1 =	Lackfarbe	2 =	Schwefelsäure	1 =
Betonkörper	23 =	Leitungswasser	3 =	Semmel	26 =
Brot	34 =	Leuchtgas,		Siderosthen-Lubrose	1 =
Brunnenwasser	3 =	photometrisch	216 =	Solin	1 =
Butter	58 =	Leuchtgas,		Steinsalz	1 =
Fettmasse	1 =	calorimetrisch	193 =	Tinte	2 =
Gasreinigungsmasse	7 =	Milch, abgerahmt	1 =	Trinkwasser	5 =
Gaswasser	28 =	= unabgerahmt	97 =	Urin	1 =
Hausschwamm	1 =	Ölfarbe	1 =	Wein	2 =
Kautschuk	8 =	Panzerschuppenfarbe	1 =	Wurst	1 =
Kohle	36 =	Petroleum	10 =		

D. Die für Private ausgeführten Untersuchungen betrafen folgende Gegenstände:

Blutflecken	1 mal	Kohle	14 mal	Rattengift	1 mal
Branntwein	1 =	Kohlebrikettes	2 =	Rehfleisch	1 =
Buntpapier	1 =	Koks	1 =	Roheisen	3 =
Butter	14 =	Konserve-Salz	1 =	Saffran	1 =
Calciumcarbid	1 =	Kuchen	1 =	Schokolade	6 =
Eis	1 =	Kuvertüren-Masse	1 =	Schweineschmalz	1 =
Gaswasser	1 =	Margarine	12 =	Stärke-Präparat	1 =
Gewebe	1 =	Marmor	4 =	Stümpfe, halbwollene	1 =
Haferkakao	2 =	Mehl	3 =	Tapete	1 =
Harn	1 =	Mikrosol	1 =	Tuchprobe	1 =
Hausschwamm	1 =	Milch	17 =	Wallnüsse	1 =
Heringe	1 =	Mineral	1 =	Waschpulver	1 =
Himbeersirup	1 =	Mineralöl	6 =	Wasser	41 =
Honig	1 =	Mineralwasser	2 =	Watte	2 =
Käse	7 =	Nicolicin	1 =	Wein	6 =
Kaffee	1 =	Panseninhalt	2 =	Wurst	2 =
Kaffee-Aufguß	1 =	Petroleum	1 =	Wurst-Bindemittel	1 =
Kakaopulver	4 =	Pflaumenmus	1 =	Zinn-Kapseln	1 =
Karpfen	1 =	Phosphorsulfid	1 =	Zucker	2 =
Kirschbranntwein	1 =	Preßhefe	2 =	Zündhölzer	1 =

III. Einnahmen und Ausgaben.

Die baren Einnahmen des Amtes in der Zeit vom 1. April 1902 bis zum 31. Dezember 1902 betrugen:

	Strafen ℳ	₰	Gebühren ℳ	₰	Summe ℳ	₰
I. Aus der Restverwaltung	95	—	155	40	250	40
II. Aus der laufenden Verwaltung	981	—	—	—	981	—
Für Aufträge des Königl. Polizeipräsidiums	—	—	3 263	50	3 263	50
= = der städt. Gaswerke, der Elektrizitätswerke, des Schlachthofes, des städt. Hafens und der städt. Straßenbahn	—	—	4 232	—	4 232	—
Für Aufträge anderer Behörden und von Privaten	—	—	7 432	—	7 432	—
Vergütung für die Beschäftigung von Volontären	—	—	200	—	200	—
Sonstige unvorhergesehene Einnahmen	—	—	136	—	136	—
					16 494	90
Wird dieser Einnahme der tarifmäßige Wert der für die städtische Verwaltung außerdem ausgeführten Arbeiten mit					5 365	—
zugerechnet, so betragen die Einnahmen insgesamt					21 859	90

Diesen Einnahmen stehen für die Zeit vom 1. April 1902 bis zum 31. Dezember 1902 20 147,05 ℳ laufende und einmalige Ausgaben gegenüber.

Von den laufenden Ausgaben entfallen auf:	ℳ	₰
Lokalmiete	1 350	—
Heizung, Beleuchtung, Reinigung	349	51
Gas- und Wassergeld, Gebühr für elektrischen Strom	866	14
Utensilien, chemische und physikalische Apparate	1249	98
Chemikalien	838	85
Amtsbedürfnisse, Porto	622	52
Versendung des Jahresberichts	53	75
Bücher und Zeitschriften	315	98
Ankauf von Proben	109	05
Bau- und Reparaturkosten	50	80
Hierzu an Besoldungen, Löhnen, Versicherungsbeiträgen, zur Annahme von Hilfsarbeitern, ferner Witwen- und Waisengeld	14 340	47
Summe der laufenden Ausgaben	20 147	05

Einmalige außerordentliche Ausgaben sind nicht vorgekommen.

IV. Spezieller Teil.
Bier, Bierdruckapparate.

Bier. Von Bier wurden während der Berichtszeit nur verhältnismäßig wenig Proben untersucht. Durch das Königliche Polizei-Präsidium wurden 6 Proben eingeliefert, welche ausschließlich auf die Gegenwart künstlicher Süßstoffe zu untersuchen waren. Letztere wurden in keinem Falle angetroffen.

Aus eigener Veranlassung wurden die Biere der Kipke'schen Brauerei untersucht und zwar aus folgendem Grunde: Die genannte Brauerei hat inzwischen Einrichtungen getroffen, um das von ihr gebraute Bier selbst abzufüllen. Diese Einrichtungen bieten den Verbrauchern die Gewähr, daß die ganze Prozedur des Abfüllens sich in sauberster Form abspielt, und da die Flaschen mit Verschlußstreifen in den Verkehr gebracht werden, so hat das Publikum hierdurch auch eine ausreichende Kontrolle darüber, daß es auch wirklich Brauereiabzug erhält. Unter diesen Umständen erschien es uns geboten, die Konstanten dieser Biere festzulegen.

	Alkohol Volum-Prozente	Alkohol g in 100 ccm	Extrakt g in 100 ccm	Mineralbestandteile g in 100 ccm	Stammwürze
Lagerbier, hell	5,18	4,11	6,17	0,236	14,39
desgl. dunkel . . .	4,36	3,46	7,6	0,240	14,53
nach Pilsner Art	4,88	3,87	6,4	0,231	14,14

Die Zahlen stimmen befriedigend überein mit den in unserem letzten Berichte wiedergegebenen.

Bierdruckapparate. Wie in den Vorjahren, so wurden auch während der Berichtszeit im Auftrage des Königlichen Polizei-Präsidiums sämtliche in Breslau vorhandenen Bierdruck-Apparate einer technischen Revision unterzogen.

Insgesamt waren vorhanden: 1265 Apparate gegen 1149 im Vorjahre, entsprechend einer Vermehrung von 100 auf 110.

Von diesen waren 1218 Apparate = 96,3% solche mit Kohlensäuredruck (im Vorjahre = 93,5%) und 47 Apparate = 3,7% (im Vorjahre 74 Apparate = 6,5%) mit komprimierter Luft betrieben. Unter den letzteren sind einbegriffen 8 sog. Wasserdruckapparate, bei denen die Luftpumpe durch einen an die städtische Wasserleitung angeschlossenen Wassermotor getrieben wird.

Vollständig in Ordnung wurden befunden 911 Apparate = 72% (im Vorjahre = 71,9 %), während 354 Apparate Anlaß zu Erinnerungen gaben. Da aber bei einigen Apparaten mehrere Ausstellungen zu gleicher Zeit zu machen waren, so stieg die Gesamtzahl der Beanstandungen auf 429. Im einzelnen setzten sich die gemachten Erinnerungen wie folgt zusammen:

die Luftleitung war nicht mit der Pumpe verbunden. . .   14 mal,
der Luftkessel war ohne Reinigungsöffnung. . . . . . .   1 =
die Watte im Luftsieb fehlte oder war unsauber . . . .   6 =
die Bierleitungsröhren waren unsauber. . . . .   13 =
es fehlten Kontrollhähne bezw. Kontrollgläser oder dieselben waren unsauber . . . .   16 =
die Stocher und Stochergewinde waren mangelhaft verzinnt 122 =
die Schankhähne waren mangelhaft verzinnt . . . . . . 109 =
der ganze Apparat war unsauber gehalten . . . .   5 =
das Spülgefäß fehlte oder war unvorschriftsmäßig . . . 143 =

Die Zahl der Apparate in den einzelnen Kommissariaten schwankte zwischen 23 und 82. — Bei den kleineren Kommissariaten erfolgte die Revision durch einen Beamten des diesseitigen Amtes unter Begleitung eines Beamten des Königlichen Polizei-Präsidiums. Die umfangreicheren Kommissariate wurden geteilt und zu gleicher Zeit von je zwei Beamten der genannten Kategorien erledigt. — Die zur Erledigung dieser Revisionen erforderliche Zeit ist nicht unbeträchtlich, sie betrug ohne Berücksichtigung der schriftlichen Berichte etwas mehr als 200 Stunden.

Als besonders erfreulich ist festzustellen, daß die Luftdruckapparate von Jahr zu Jahr mehr verschwinden; diese viel Raum einnehmenden und deshalb in der Regel im Keller aufgestellten Apparate sind dermaßen kompliziert, daß sie von Laien kaum in Ordnung gehalten werden können. Wir sehen daher mit Freude dem Tage entgegen, an welchem der letzte Luftdruckapparat verschwunden sein wird. Dagegen werden die Kohlensäureapparate immer kompendiöser und gefälliger, so daß ihre Bedienung und Instandhaltung nunmehr auch von Laien ohne große Mühe bewirkt werden kann.

Recht viel zu wünschen ließen in zahlreichen Wirtschaften noch die Spülvorrichtungen. Wir müssen uns in dieser Hinsicht auf das beziehen, was wir in unserm letzten Bericht über diesen Gegenstand gesagt haben. Wir haben durch die Revisionen während der Berichtszeit den Eindruck gewonnen, daß inzwischen eine wesentliche Besserung in dieser Beziehung nicht eingetreten ist.

Die Restauration des Stadt-Theaters wird unabhängig von den polizeilichen Revisionen auf Anordnung der Theaterdeputation zurzeit zweimal monatlich revidiert.

Brot, Mehl etc.

Es wurden in der Berichtszeit untersucht: 38 Proben Brot, 26 Proben Semmel, 8 Proben verschiedener Backwaren, 18 Proben Roggen- und Weizenmehl, 2 Proben Hafermehl, 1 Probe Kindermehl, 32 Proben verschiedener Gegräupe (Erbsen 1, Graupe 12, Gries 7, Hirse 4, Reis 7, Sago 1).

Den Hauptanteil an den Untersuchungsobjekten stellten die städtischen Behörden, in deren Auftrage die in den kommunalen Anstalten verbrauchten Backwaren einer fortlaufenden, regelmäßigen Kontrolle unterworfen werden. — Die eingelieferten Backwaren etc. gaben im allgemeinen zu Beanstandungen nicht Veranlassung. Verfälschungen kamen nicht zur Beobachtung, nur in einzelnen Fällen charakterisierten sich die Untersuchungsobjekte als verdorben.

Backwaren der städtischen Verwaltungen. Die Wertbestimmungen der im Auftrage der städtischen Behörden untersuchten Backwaren lieferten während der Berichtszeit folgende Grenzwerte:

Für Brot:	Maximum	Minimum
Gehalt an Wasser	40,7 %	30,2 %
= = Trockensubstanz	69,8 =	59,3 =
= = Mineralstoffen	0,9 =	0,5 =

Die entsprechenden Zahlen für das Vorjahr 1901/1902 waren:

Gehalt an Wasser	42,0 %	22,5 %
= = Trockensubstanz	77,5 =	58,0 =
= = Mineralstoffen	0,9 =	0,4 =

Die entsprechenden Daten für Semmel sind folgende:

	1900/1901	1901/1902	1902
Gehalt an Wasser	22,4—34,6 %	16,6—32,1 %	21,6—29,3 %
= = Mineralstoffen	1,1— 1,8 =	1,0— 2,0 =	0,8— 1,8 =
Gewicht einer Semmel	70—132 g	65—134 g	65—120 g
Trockensubstanz einer Semmel	50,5—91,7 =	47,5—100,1 =	51—89 =

Demnach ist der Nährwert einer Semmel merklich geringer geworden.

Wir lassen nunmehr die für die einzelnen Verwaltungen erhaltenen Ergebnisse folgen:

Brot (Graubrot).

Auftraggebende Verwaltung	Geschäfts-zeichen U. A.	Das Brot enthielt in Prozenten					
		Rinde	Krume	Wasser	Trocken-rückstand	davon	
						organisch	unorga-nisch
Armenhaus	640/02	26,7	73,3	36,5	63,5	62,8	0,7
=	1229 =	28,8	71,2	32,5	67,5	66,7	0,8
=	1960 =	23,1	76,9	34,5	65,5	64,9	0,6
=	2024 =	25,9	74,1	37,6	62,4	61,6	0,8
Claassen'sches Siechhaus	615 =	31,3	68,7	40,7	59,3	58,7	0,6
	1247 =	32,1	67,9	32,6	67,4	66,8	0,6
=	1931 =	34,2	65,8	39,8	60,2	59,3	0,9
Genesungsheim Weidenhof	866 =	30,0	70,0	33,2	66,8	66,2	0,6
	1256 =	26,9	73,1	30,2	69,8	69,3	0,5
=	1706 =	32,0	68,0	34,8	65,2	64,7	0,5
=	2263 =	32,0	68,0	38,3	61,7	61,3	0,4
Irrenhaus in der Einbaumstraße	787 =	30,4	69,6	36,3	63,7	63,2	0,5
	1225 =	31,2	68,8	34,7	65,3	64,8	0,5
=	1654 =	30,0	70,0	37,6	62,4	61,6	0,8
=	2183 =	32,5	67,5	37,0	63,0	62,1	0,9
Kinderhospital zum heiligen Grabe	1140 =	25,2	74,8	36,4	63,6	63,1	0,5
	1628 =	30,6	69,4	35,2	64,8	64,3	0,5
=	2500 =	30,3	69,7	33,3	66,7	66,3	0,4
Krankenhospital zu Allerheiligen	790 =	26,3	73,7	37,4	62,6	62,1	0,5
	1241 =	31,5	68,5	37,9	62,1	61,6	0,5
=	1653 =	33,3	66,7	33,6	66,4	65,6	0,8
=	1929 =	30,1	69,9	37,0	63,0	62,4	0,6
=	2201 =	23,6	67,4	35,3	64,7	64,2	0,5
Wenzel Hancke-sches Krankenhaus	601 =	30,3	69,7	35,3	64,7	64,2	0,5
	1068 =	25,7	74,3	31,5	68,5	68,0	0,5
=	1479 =	30,8	69,2	31,8	68,2	67,5	0,7
=	1918 =	29,5	70,5	35,6	64,4	63,8	0,6
=	2378 =	27,6	72,4	39,9	60,1	59,5	0,6
Arbeitshaus	1197 =	33,3	66,7	34,6	65,4	64,7	0,7
=	1865 =	21,8	78,2	38,2	61,8	61,3	0,5

Schwarzbrot.

Arbeitshaus	1197 =	28,6	71,4	36,5	63,5	63,0	0,5
=	1864 =	33,5	66,5	36,0	64,0	62,2	1,8

Semmel.

Auftraggebende Verwaltung	Geschäftszeichen U. A.	Gewicht der Semmel g	Die Semmel enthielt in Prozenten		davon		Gesamt-Trockenrückstand einer Semmel g
			Wasser	Trockenrückstand	organisch	unorganisch	
Armenhaus	640/02	85	25,7	74,3	73,1	1,2	63
"	1229 "	85	27,3	72,7	71,1	1,6	62
"	2024 "	75	25,5	74,5	72,9	1,6	56
Claassen'sches Siechhaus	615 "	72	27,2	72,8	71,0	1,8	52
"	1247 "	96	25,7	74,3	73,2	1,1	71
"	1931 "	75	26,6	73,4	71,6	1,8	55
Genesungsheim Weidenhof	866 "	88	23,7	76,3	74,5	1,8	67
"	1256 "	84	24,3	75,7	74,3	1,4	64
"	1706 "	95	29,3	70,7	69,9	0,8	67
"	2263 "	88	28,2	71,8	70,6	1,2	63
Irrenhaus in der Einbaumstraße	787 "	85	25,6	74,4	72,6	1,8	63
"	1225 "	78	28,4	71,6	70,1	1,5	56
"	1654 "	95	22,8	77,2	75,5	1,7	73
"	2183 "	85	28,1	71,9	70,4	1,5	61
Krankenhospital zu Allerheiligen	790 "	72	24,2	75,8	74,2	1,6	55
"	1241 "	75	28,4	71,6	70,3	1,3	54
"	1653 "	87	27,5	72,5	71,1	1,4	63
"	1929 "	85	25,6	74,4	73,6	0,8	63
"	2201 "	85	22,4	77,6	76,0	1,6	66
Wenzel Hanckesches Krankenhaus	601 "	65	21,6	78,4	77,2	1,2	51
"	1068 "	80	26,5	73,5	72,3	1,2	59
"	1479 "	85	26,4	73,6	72,1	1,5	63
"	1918 "	84	26,1	73,9	73,0	0,9	62
"	2378 "	75	25,8	74,2	73,1	1,1	56
Arbeitshaus	1197 "	120	25,5	74,5	73,4	1,1	89
"	1866 "	120	27,2	72,8	71,3	1,5	87

U A. 1298/02. Simonsbrot. Das während der letzten Jahre ziemlich rasch beliebtgewordene Simonsbrot wurde im Auftrage der Verwaltung des Hospitals zu Allerheiligen untersucht. Die erhaltenen Ergebnisse waren folgende:

Simonsbrot	aus Roggen	aus Weizen
Wasser	35,6%	38,7%
Trockenrückstand	64,4 "	61,3 "
Organische Bestandteile	62,7 "	59,4 "
Anorganische Bestandteile	1,7 "	1,9 "
Stickstoff	1,14 "	1,35 "
(= Proteïnsubstanz)	(7,1 ")	(8,4 ")

Demnach dürfte dieses Simonsbrot einige Ähnlichkeit haben mit dem im Westen gebackenen Original-Pumpernickel.

U A. 1039/02. Verdorbener Kuchen. Einem Bäckermeister wurde an einem bestimmten Tage der erbackene Streuselkuchen von seinen Kunden mit Protest zurückgebracht: der Kuchen sei nicht zu genießen. Die Untersuchung ergab folgendes:

1. Das Weizenmehl, aus dem der Kuchen hergestellt war, erwies sich als normal, der Aschengehalt betrug 0,68 %.
2. Der Kuchen. Die „Krume" hinterließ 1,07 % Asche und war gleichfalls normal. — Der „Streusel" hinterließ 4,67 % Asche, darunter 4,10 % Kochsalz. Hier lag also die Ursache des schlechten Geschmackes des Kuchens.
3. Der Zucker hinterließ 35,1 % Asche, darunter 34,2 % Kochsalz.

Als Quelle für die Verderbnis des Kuchens war demnach der Zucker anzusehen. Es stellte sich heraus, daß ein entlassener Gehilfe unmittelbar vor seinem Austritt einen Racheakt ausgeführt, durch diesen ein ganzes Gebäck verdorben und seinem Meister, sowie dessen Abnehmern viel Ärger verursacht hatte.

U. A. 1386/02. Micrococcus prodigiosus? Einer größeren Breslauer Mühle war ein großer Posten Roggenmehl zur Verfügung gestellt worden, weil das mit diesem hergestellte Gebäck rötliche Flecken annahm. Es handelte sich um eine Infektion mit dem Pilz der „blutenden Hostie", Micrococcus prodigiosus. Die Frage war nur, ob dieser Pilz in dem Mehle enthalten war oder erst nachträglich in dieses oder das Gebäck gelangte.

Die auf je 6 Gelatine- und Agar-Platten angesetzten Kulturversuche ergaben ein negatives Ergebnis, es kamen keine Prodigiosus-Kulturen, nur vereinzelte Kolonien von Rosa-Hefe zur Entwickelung.

Daß im vorliegenden Falle die Pilze nicht im Mehle selbst enthalten waren, ergab sich auch daraus, daß an anderen Verbrauchsstellen des nämlichen Mehles ähnliche Erscheinungen nicht beobachtet wurden, und daß die Infektion schließlich erlosch, während das gelieferte Mehl noch weiter verbraucht wurde.

Fleisch, Wurst.

Während der Berichtsperiode wurden insgesamt 57 Proben Fleisch und 110 Proben Wurst eingeliefert; davon gingen ein durch das Königliche Polizei-Präsidium 56 Proben Fleisch und 105 Proben Wurst.

Fleisch. Die Untersuchung desselben beschränkte sich wie früher im allgemeinen auf das Vorhandensein verbotener Konservierungsmittel. Da indes die Bekanntmachung vom 18. Februar 1902, welche das grundsätzliche Verbot einer Anzahl namentlich aufgeführter Konservierungsmittel enthält, erst vom 1. Oktober 1902 in Kraft trat, so verfuhren wir bis zu diesem Tage nach den bisher befolgten Grundsätzen und legten den strengeren Maßstab des Fleischbeschaugesetzes erst von dem genannten Tage ab an.

Hatte die Verwendung des schwefligsauren Natriums auch ohne besondere gesetzgeberische Maßregeln infolge der Rechtsprechung unserer hiesigen Gerichte in Breslau von Jahr zu Jahr immer deutlicher abgenommen, so läßt sich schon heut der Zeitpunkt absehen, in welchem das schwefligsaure Natrium als Konservierungsmittel der Vergessenheit vollständig anheimgefallen sein wird. Nach zehn Jahren werden es Publikum und Fleischer nicht begreifen, wie man auf dieses merkwürdige[*] Konservierungsmittel verfallen konnte.

---

[*] Ein Richter äußerte einmal im Verlaufe einer solchen Verhandlung: „Jetzt weiß ich doch wenigstens, warum die rohen Beefsteaks in den Restaurationen so häufig nach angebrannten Schwefelhölzern schmecken."

Unter den durch das Königliche Polizei-Präsidium eingelieferten 56 Fleischproben waren wiederum nur 2 Proben, welche wegen Gehaltes an schwefliger Säure (und zwar 0,165 bezw. 0,092 % SO_2) beanstandet werden mußten.

Seit dem 1. Oktober 1902 hat sich die Kontrolle des Fleisches wiederum arbeitsreicher gestaltet, insofern, als jede Probe nunmehr wenigstens auf die wichtigeren der durch das Fleischbeschaugesetz verbotenen Konservierungsmittel zu prüfen ist. Indessen sind uns andere Konservierungsmittel als schweflige Säure hierorts noch nicht vorgekommen. Jedenfalls hat es sich auch bei dieser Frage wieder gezeigt, daß ein **wirkliches Bedürfnis**, ein Nahrungsmittel wie das gehackte Fleisch für eine kürzere Zeit durch andere Mittel als kühle Aufbewahrung, d. h. durch Chemikalien, zu konservieren, durchaus nicht vorhanden ist. Seit dem 1. Oktober 1902 geht es nämlich ganz gut auch ohne Präservesalz, und aus dem Publikum hat noch niemand den Wunsch geäußert, dieses Mittel möge wieder eingeführt werden.

In eine wirklich unangenehme Lage sind dagegen die Fabrikanten und Händler der nunmehr auf den Index gesetzten Konservierungsmittel geraten, welche gezwungen worden sind, einen schwunghaften und gewinnreichen Artikel aufzugeben. Selbstverständlich sind an Stelle der verbotenen Zubereitungen alsbald neue getreten, von denen wir einige nach ihrer näheren Zusammensetzung hier anführen.

U. A. 1143/02. Konservesalz, von der Breslauer Fleischerinnung zur Prüfung eingereicht, besteht aus: Kalisalpeter 50 Teile, Kochsalz 45 Teile, Milchzucker 5 Teile.

U. A. W. M. Ein anderes Konservesalz hatte die Zusammensetzung: Natriumphosphat 45,0, Natriumchlorid 10,0, Milchzucker 10,0, Benzoësäure und deren Salze 35,0.

Es sind nicht immer ganz indifferente Stoffe, welche die Bestandteile dieser Konservierungsmittel bilden. Beispielsweise kann die Benzoësäure wohl nicht unbedingt als harmlos angesehen werden. Und wenn Kalisalpeter bekanntlich als Zusatz zum Pökeln seit langer Zeit üblich ist, so ist der Kalisalpeter doch zugleich auch ein Blutgift, welches bei unvorsichtigem Gebrauch ganz erheblich Schaden anrichten kann.

Wir haben uns in diesen Fällen darauf beschränkt, die Zusammensetzung dieser Mischungen festzustellen, die Auftraggeber vor ihrer Verwendung zu warnen und sie darauf hinzuweisen, daß in letzter Instanz die zuständigen Mediziner über die Verwendbarkeit oder Nichtverwendbarkeit zu urteilen haben würden. — Zweckmäßig dürfte es sein, wenn schon jetzt Pharmakologen und Gerichtsärzte sich zu dieser Sache äußern würden und zwar bald, d. h. zu einer Zeit, in welcher das objektive Urteil der Sachverständigen durch etwa eingeleitete Strafprozesse noch nicht getrübt ist.

Wurst. Die Vorschriften, welche auf Grund des Fleischbeschaugesetzes erlassen wurden, sind auch an der Wurst nicht völlig vorübergegangen. Zunächst besteht auch für Wurst das Verbot des Zusatzes der durch die Verordnung vom 18. Februar 1902 namentlich aufgeführten Konservierungsmittel. Sodann ist als neue Vorschrift erlassen worden das Färbeverbot der Wurst.

Dieses Färbeverbot ist mit lebhafter Genugtuung zu begrüßen. War es früher schon in vielen Fällen recht schwer, die stattgehabte Färbung objektiv mit Sicherheit nachzuweisen, so war der Erfolg eines etwa eingeleiteten Strafverfahrens selbst in krassen Fällen nicht abzusehen:

U. A. 1171 und *1193/02*. **Überfärbte Wurst.** Bei einem Wurstmacher wurde durch einen Privatmann Zervelatwurst angekauft, welche schon dem Käufer so stark gefärbt erschien, daß er sich vor dem Genuß ekelte und die Sache zur Anzeige brachte. Infolgedessen wurde ein amtlicher Ankauf durch die Polizei bewirkt. Auch diese Wurst zeigte sich in so hohem Grade überfärbt, daß man vor ihrem Genuß Ekel empfinden konnte. Das Schöffengericht verurteilte den betreffenden Wurstmacher zu der allerdings sehr harten Strafe von 4 Wochen Gefängnis. Die Strafkammer als Berufungsinstanz erkannte auf Freisprechung. Sie nahm zwar an, daß objektiv eine Verfälschung vorliege, daß aber der Dolus nicht hinreichend erwiesen sei. — Die Verhandlung fand selbstverständlich vor Oktober 1902 statt.

Stärkegehalt der Wurst. Wir kennen hier in Breslau sogenannte **Wellwurst**, d. h. zum sofortigen Verbrauch hergestellte Wurst, welche gewohnheitsgemäß große Mengen von Semmel und dergleichen enthält. Diese Wurst kommt in den folgenden Ausführungen nicht in Betracht.

Außerdem aber kennen wir die **Fleischwurst** in verschiedenen Sorten, von welcher wir schon lange forderten, daß sie lediglich aus Fleischteilen hergestellt werde. Es hat sich nun die Unsitte eingebürgert, auch dieser Wurst mehr oder weniger erhebliche Mengen von Stärke oder stärkehaltigen Materialien zuzufügen. Hiergegen waren wir bisher machtlos, weil es früher erstens an einer handlichen Methode fehlte, solche Stärkemengen zu bestimmen, und als diese Methode gefunden war, hatte sich zunächst noch keine Rechtsnorm herausgebildet.

Im Juni 1902 hatte das Kammergericht in einem Urteil es klar ausgesprochen, Wurst dürfe nur aus Fleischteilen und Gewürzen bestehen, jeder Zusatz von Stärke

Geschäfts-zeichen U. A.	Bezeichnung der Wurstsorte	Wasser-gehalt %	Trocken-rückstand %	Stärke %	Stärke in der Trocken-substanz %
1316/02	Knoblauchwurst	67,6	32,4	1,5	4,6
1341 =	Leberwurst	31,6	68,4	1,52	2,22
1418 =	Mettwurst	47,8	52,2	1,46	2,80
1420 =	Leberwurst	49,2	50,8	2,04	4,1
1422 =	=	41,9	58,1	3,4	5,9
1568 =	Mettwurst	54,4	45,6	5,4	11,8
1618 =	=	42,95	57,05	3,32	5,82
1621 =	Fleischwurst	39,04	60,96	4,07	6,67
1630 =	Leberwurst	50,5	49,5	1,4	2,8
1681 =	Mettwurst	58,7	41,3	0,75	1,83
1705 =	Leberwurst	44,7	55,3	2,5	4,5
1643 =	=	39,1	60,9	1,8	3,0
1731 =	Wiener Würstchen . . .	56,3	43,7	1,1	2,5
1766 =	Leberwurst	35,5	64,5	3,3	5,1
1775 =	Roßfleischwurst	69,4	30,6	2,7	8,8
1926 =	Knoblauchwurst	76,4	23,4	2,08	8,81
1947 =	Mettwurst	60,6	39,4	0,2	0,5
1948 =	=	29,9	70,1	2,4	3,4
1949 =	=	48,2	51,8	0,9	1,7
2010 =	=	43,1	56,9	0,61	1,42
2080 =	=	53,6	46,4	2,39	5,15
2108 =	Leberwurst	33,3	66,7	3,53	5,30
2209 =	Knoblauchwurst	72,9	27,1	0,3	1,1
2227 =	=	66,3	33,7	1,0	3,0
2256 =	Leberwurst	51,5	48,5	1,15	2,23

sei strafbar. — Wenn das Kammergericht auch nicht in letzter Linie dazu da ist, ein Reichsgesetz auszulegen, so schien dieses Urteil immerhin von Bedeutung. Es konnte u. E. auch bei einem Reichsgesetz nicht ganz unerheblich sein, welche Auslegung demselben von unserem höchsten preußischen Gerichtshofe zuteil wurde und schließlich sagten wir uns, was in dieser Beziehung in Berlin verboten ist, darf in Breslau nicht gestattet sein.

Unter diesen Umständen haben wir vorerst einiges Material gesammelt. Das Ergebnis dieser Untersuchungen ist in der vorstehenden Tabelle zusammengestellt.

Zunächst wurden einige der eklatanteren Fälle beanstandet und durch beide Instanzen hindurchgebracht. Die Urteile fielen in der ersten Zeit verschieden aus, da ein Sachverständiger der Fleischerbranche bekundete, daß die Fleischer und Wurstmacher des Stärkezusatzes nicht entraten könnten. Nachdem aber ein solcher Praktiker (Inhaber eines der größten Wurstgeschäfte) als Sachverständiger bekundet hatte, daß er jeden Zusatz von Stärke für eine Verfälschung erklären müsse, hat sich die Gerichtspraxis in diesem Sinne ausgebildet.

Es ist nunmehr Aussicht vorhanden, daß es innerhalb einiger Jahre gelingen wird, auch diesen Mißstand abzustellen. Mit Rücksicht darauf, daß die Wurst je länger je mehr sich zum wichtigsten Nahrungsmittel der minder Begüterten entwickelt, schätzen wir das jetzt Erreichte vom volkswirtschaftlichen Standpunkte ganz erheblich hoch ein. — Es ist wahrlich nicht gleichgiltig, ob der Arbeiter für seine sauer genug verdienten Groschen eine reelle Fleischwurst eintauscht oder ein unnennbares „Etwas", in welchem der Stärkekleister eine wesentliche Rolle spielt.

U. A. 1100/02. Verdorbene Wurst. Einen Beitrag zu den Merkwürdigkeiten, welche gelegentlich in der Wurst angetroffen werden, lieferte folgender Fall: Ein Arbeiter hatte für 20 Pfennige „Polnische Knoblauchwurst" erstanden. Beim sofortigen Genuß derselben kam ihm ein merkwürdiges Gebilde zwischen die Zähne, das sich als ein ganz ansehnlicher Bindfaden-Knäuel herausstellte. Die Wurst wurde als ekelerregend bezw. verdorben beurteilt.

U. A. 1660/02. Verdorbene Wurst. Dieser Fall betraf gleichfalls Knoblauchwurst, welche schmierig, von widerlichem Fäulnisgeruch war und mit Salzsäure starke Nebel gab.

U. A. 1774/02. Verdorbene Wurst. Von einer auswärtigen Staatsanwaltschaft ging ein größerer Posten von etwa 50 Kilo Wurst ein, die in entsetzlicher Fäulnis begriffen war und sofort der Kafillerie des Schlachthofes übergeben werden mußte. Die Wurst war in einer Manövergegend von einem Fleischer verkauft, von den Abnehmern zurückgewiesen und bereits von Veterinärärzten an Ort und Stelle für verdorben erklärt worden. Der betr. Fleischer wurde zu 300 ℳ Geldstrafe verurteilt.

Als ihm im folgenden Jahre (1903) nochmals der Verkauf verdorbener Wurst nachgewiesen wurde, traf ihn die empfindliche Strafe von 1 Jahr Gefängnis. Der Fall ist besonders tragisch deshalb, weil der Verurteilte schon vorher eingesehen hatte, daß er zum Fleischer und Wurstmacher nicht tauge, deshalb im Begriff war, seinen Beruf zu wechseln und tatsächlich sein Geschäft auch schon verkauft hatte.

Eiweiß als Bindemittel. Wir hatten in unserem vorigen Berichte (vergl. unseren Jahresbericht 1901/02 S. 19) darauf aufmerksam gemacht, daß der Wurstmacher bei Verwendung von Eiweiß als Bindemittel Gefahr laufe, die Kontrolle über sein Wurstgut zu verlieren, da er mit der Möglichkeit rechnen müsse, zugleich mit dem Eiweiß Legionen von Fäulnisbakterien in sein Wurstgut einzusäen.

Unsere Voraussage ist bald bestätigt worden: Wir erhielten infolge dieser Mitteilung von einer größeren Wurstfabrik in Braunschweig das Ersuchen, ein Gutachten über folgenden Fall zu erstatten:

Die Fabrik habe versuchsweise (!) Eiweiß als Bindemittel benutzt und bei dieser Gelegenheit sei ein ganzer Fabrikationsgang verdorben, während die ohne Eiweiß hergestellte Wurst nicht verdorben sei.

Wir lehnten die Erstattung eines formellen Gutachtens ab und beschränkten uns darauf, der betreffenden Fabrik zu empfehlen, sie möge in Zukunft die Verwendung solcher Kunstmittel bezw. Surrogate unterlassen.

U. A. 1961/02. Wurstbindemittel. Seitens der Breslauer Produktenbank war uns ein neues „Wurstbindemittel" übersendet worden zu einer Äußerung darüber, ob die Verwendung desselben Bedenken unterliege oder nicht. Die Untersuchung ergab folgendes:

$$\begin{array}{ll} \text{Stickstoff} & 6{,}06\,^0/_0 \\ (= \text{Protein} & 37{,}88) \\ \text{Asche} & 4{,}64\,^0/_0 \\ \text{Phosphorsäure} & 1{,}02\,^0/_0 \end{array}$$

Da in dem Produkt ferner Weizenhaare und reichliche Mengen Weizenstärke enthalten waren, so handelte es sich augenscheinlich um ein Kleberpräparat.

Wir haben von der Verwendung dieses Wurstbindemittels abgeraten.

Milch.

Insgesamt wurden während der Berichtszeit 410 Proben Milch untersucht. Die untersuchten Proben verteilen sich wie folgt:

A. Im Auftrage des Königlichen Polizei-Präsidiums wurden eingeliefert:

		1901/02	
Unabgerahmte Milch	218	(214)	Proben,
Abgerahmte Milch	76	(43)	"
Rahm	1	—	"

Von diesen 295 Proben wurden beanstandet 10 Proben unabgerahmter und 15 Proben abgerahmter Milch, entsprechend 8,5 Prozent der eingelieferten Proben. — Der Prozentsatz der beanstandeten Proben betrug im Vorjahre 8 $^0/_0$.

B. Im Auftrage von Gerichten und anderen Behörden außer C. Es waren Proben während der Berichtszeit überhaupt nicht eingegangen.

C. Von den dem Magistrat unterstellten Verwaltungen waren 98 Proben (gegen 91 Proben im Vorjahre) eingegangen. In dieser Zahl sind inbegriffen die Proben, welche von der Armendirektion übersendet worden sind.

D. Von Privaten wurde die Untersuchung von Milch in 17 Fällen beantragt.

Wir geben in Nachstehendem zunächst eine Übersicht der im Auftrage der städtischen Verwaltungen untersuchten Milchproben.

Zusammenstellung der im Auftrage der städtischen Verwaltungen untersuchten Milchproben.

Geschäftszeichen U. A.	Datum	Spez. Gewicht bei 15° C.	Fettgehalt in Proz.	Säuregrad	Geschäftszeichen U. A.	Datum	Spez. Gewicht bei 15° C.	Fettgehalt in Proz.	Säuregrad
Von den Bezirks-Armen-Kommissionen eingelieferte Milchproben.					2201/02	11. 11. 02	1,0327	4,25	6,8
					= =	= = = =	1,0328	4,45	7,2
661/02	12. 4. 02	1,0330	3,60	—	= =	= = = =	1,0328	4,00	6,9
662 =	= = = =	1,0322	3,75	—	2376 =	6. 12. =	1,0321	3,60	7,0
672 =	16. = =	1,0311	3,10	—	= =	= = = =	1,0320	3,60	6,9
674 =	= = = =	1,0322	3,50	—	= =	= = = =	1,0318	3,80	6,6
680 =	= = = =	1,0335	2,70	—	**Armenhaus.**				
681 =	= = = =	—	3,50	—	658/02	12. 4. 02	1,0320	3,30	—
= =	= = = =	1,0337	0,85[1])	Magermilch	1233 =	5. 7. =	1,0293	4,80	8,5
724 =	23. 4. =	1,0314	3,05	7,5	1971 =	11. 10. =	1,0312	4,50	6,9
749 =	= = = =	1,0314	3,00	25,0	2033 =	22. 10. =	1,0332	2,70	7,7
1155 =	18. 6. =	1,0326	2,80	7,4	**Claassen'sches Siechhaus.**				
1250 =	7. 7. =	1,0318	3,30	8,3	615/02	7. 4. 02	1,0325	3,45	—
1515 =	11. 8. =	1,0302	3,50	10,1	807 =	12. 5. =	1,0326	3,10	8,3
2011 =	17.10. =	1,0325	3,35	7,1	1080 =	7. 6. =	1,0311	3,30	8,0
2018 =	= = = =	1,0317	3,10	7,3	1247 =	8. 7. =	1,0307	3,70	8,5
2028 =	22. 10. =	1,0323	3,10	8,9	1503 =	9. 8. =	1,0307	3,45	9,2
2034 =	= = = =	1,0334	3,60	7,5	1692 =	8. 9. =	1,0310	3,45	13,3[3])
2064 =	23. = =	1,0334	3,10	16,2	1931 =	11. 10. =	1,0321	3,60	7,4
2067 =	= = = =	1,0320	4,30	7,8	2200 =	11. 11. =	1,0335	3,50	7,1
2085 =	= = = =	1,0315	4,05	7,1	2389 =	15. 12. =	1,0328	3,85	6,7
2086 =	= = = =	1,0314	3,30	7,2	**Irrenhaus.**				
2097 =	25.10. =	1,0324	3,90	8,0	596/02	2. 4. 02	1,0318	3,00	—
2119 =	27.10. =	1,0324	3,50	7,1	794 =	5. 5. =	1,0310	3,35	8,1
2175 =	10.11. =	1,0295	4,70	8,0	1063 =	5. 6. =	1,0323	2,60	9,4[4])
2243 =	15.11. =	1,0328	3,20	6,9	1075 =	6. 6. =	1,0324	2,70	9,2[4])
2405 =	15.12. =	1,0308	4,20	6,6	1131 =	14. 6. =	1,0321	3,10	7,6
2460 =	18. = =	1,0312	3,45	6,5	1225 =	2. 7. =	1,0308	3,20	8,6
2497 =	27. = =	1,0312	3,20	6,4	1481 =	5. 8. =	1,0314	3,50	9,4
Hospital zu Allerheiligen.					1654 =	4. 9. =	1,0303	3,30	10,6
595/02	2. 4. 02	1,0305	3,10	—	1906 =	11 10. =	1,0332	3,40	7,6
= =	= = = =	1,0307	3,80	—	2183 =	8. 11. =	1,0329	3,80	7,6
= =	= = = =	1,0314	3,20	—	2383 =	6. 12. =	1,0321	3,70	6,7
790 =	5. 5. =	1,0303	3,65	7,8	**Genesungsheim Weidenhof.**				
= =	= = = =	1,0307	5,00	7,4	866/02	14. 5. 02	1,0322	3,10	8,3
= =	= = = =	1,0279	6,55	8,3	1256 =	8. 7. =	1,0328	3,40	7,8
1066 =	4. 6. =	1,0315	2,70	6,6	1706 =	13. 8. =	1,0313	3,10	9,8
= =	= = = =	1,0310	3,40	7,2	2263 =	20. 11. =	1,0345	3,85	6,7
= =	= = = =	1,0315	2,70	11,4[1])	**Pflegehaus Herrnprotsch.**				
1241 =	5. 7. =	1,0315	3,25	7,6	2248/02	20. 11. 02	1,0328	3,30	7,2
= =	= = = =	1,0313	3,30	8,8	**Wenzel Hancke'sches Krankenhaus.**				
= =	= = = =	1,0315	3,40	8,7	600/02	7. 4. 02	1,0319	4,20	—
1476 =	5. 8. =	1,0313	3,00	8,9	792 =	5. 5. =	1,0310	3,90	7,5
= =	= = = =	1,0310	3,50	10,4	1064 =	3. 6. =	1,0317	3,30	11,6[3])
= =	= = = =	1,0314	3,05	10,2	1118 =	12. 6. =	1,0327	3,10	6,8
1653 =	3. 9. =	1,0314	2,80	12,0[1])	1236 =	5. 7. =	1,0304	3,80	7,9
= =	= = = =	1,0314	2,30[4])	11,1	1478 =	5. 8. =	1,0304	3,55	9,6
= =	= = = =	1,0309	2,90	10,4	1647 =	1. 9. =	1,0308	3,40	9,7
1710 =	10. 9. =	1,0310	4,50	—	1916 =	11. 10. =	1,0324	3,70	7,9
= =	= = = =	1,0307	3,00	—	2167 =	7. 11. =	1,0328	3,50	7,3
= =	= = = =	1,0314	8,70[2])	—	2377 =	6. 12. =	1,0314	4,00	6,7
1929 =	11. 10. =	1,0329	3,45	7,6					
= =	= = = =	1,0325	3,65	7,8					
= =	= = = =	1,0333	3,20	8,1					

[1]) Die Milch gerann beim Aufkochen. [2]) Der hohe Fettgehalt ist wahrscheinlich auf mangelhafte Probenahme zurückzuführen. [3]) Gerinnt beim Aufkochen. [4]) Teilweise entrahmt.

Das Ergebnis ist etwa das gleiche wie in den Vorjahren: Im allgemeinen ist die an die städtischen Anstalten gelieferte Milch von bester Beschaffenheit. In einzelnen Fällen gelangten Milchproben von verhältnißmäßig niedrigem Fettgehalt zur Untersuchung: Bei mehreren Proben betrug der Fettgehalt nur 2,70%, in einem Falle 2,60%, bei U. A. 1653/02 gar nur 2,3%. Die nähere, weiter unten mitgeteilte Untersuchung dieser Milch zeigte, daß eine teilweise entrahmte Milch vorlag.

Auf der andern Seite finden sich in der Zusammenstellung zwei Proben mit 6,55 bez. 8,70% Fettgehalt, die diesen hohen Fettgehalt selbstverständlich ungeschickter Probenahme verdanken. —

Solche Zufälligkeiten haben sich bisher leider nicht vermeiden lassen. Die auf diese Weise erhaltenen unzutreffenden Resultate lassen sich in den meisten Fällen auch nicht mehr richtig stellen. Die Lieferung der Milch erfolgt in den städtischen Anstalten während der frühen Morgenstunden. Zu dieser Zeit werden auch die Proben entnommen, ihre Einlieferung in unser Amt erfolgt im Verlaufe des Vormittags. Es kommt also der Mittag heran, bis das Resultat vorliegt. Ergibt sich nun ein auffallend abweichender Fettgehalt nach oben oder nach unten hin und haben wir den Wunsch, eine neue, einwandsfreie Probe zu erhalten, so ist in der Regel die gelieferte Milch schon aufgebraucht. Infolgedessen muß das erhaltene Resultat weitergegeben werden, allerdings wird die Erklärung beigefügt, daß das Resultat ein ungewöhnliches und wahrscheinlich durch fehlerhafte Entnahme der Probe verursacht ist.

Durch das Königliche Polizei-Präsidium eingelieferte Milchproben, bei welchen die vorläufigen Bestimmungen zu einer Beanstandung nicht führten. Nach dem Fettgehalt geordnet.

Laufende Nummer	Geschäfts-zeichen U. A.	Datum	Spez. Gewicht bei 15°C.	Fettgehalt in Prozenten	Säuregrad	Laufende Nummer	Geschäfts-zeichen U. A.	Datum	Spez. Gewicht bei 15°C.	Fettgehalt in Prozenten	Säuregrad
1	1826/02	26. 9. 02	1,0322	2,6	8,5	24	650/02	11. 4. 02	1,0314	2,90	—
2	1827 =	26. 9. =	1,0342	2,6	8,4	25	837 =	10. 5. =	1,0327	2,90	7,0
3	1838 =	26. 9. =	1,0327	2,6	8,4	26	1044 =	2. 6. =	1,0330	2,90	8,0
4	632 =	9. 4. =	1,0317	2,7	—	27	1432 =	2. 8. =	1,0301	2,90	—
5	716 =	18. 4. =	1,0338	2,7	8,3	28	1525 =	13. 8. =	1,0315	2,90	9,8
6	903 =	16. 4. =	1,0327	2,7	9,2	29	1763 =	18. 9. =	1,0328	2,90	7,5
7	1264 =	11. 7. =	1,0321	2,7	7,9	30	1789 =	26. 9. =	1,0316	2,90	7,4
8	1289 =	14. 7. =	1,0312	2,7	12,4	31	2057 =	22. 10. =	1,0318	2,90	8,4
9	1409 =	30. 7. =	1,0332	2,7	10,7	32	2397 =	10. 12 =	1,0335	2,90	6,8
10	1702 =	10. 9. =	1,0313	2,7	9,2	33	2398 =	= =	1,0324	2,90	6,5
11	1836 =	26. 9. =	1,0339	2,7	8,3	34	821 =	9. 5. =	1,0311	2,95	7,2
12	2357 =	2. 12. =	1,0345	2,7	6,7	35	1288 =	14. 7. =	1,0324	2,95	13,0
13	646 =	11. 4. =	1,0300	2,8	—	36	1841 =	26. 9. =	1,0314	2,95	7,9
14	833 =	9. 5. =	1,0332	2,8	8,0	37	2054 =	22. 10. =	1,0302	2,95	8,0
15	918 =	21. 5. =	1,0316	2,8	7,6	38	2055 =	= =	1,0307	2,95	8,6
16	1436 =	2. 8. =	1,0324	2,8	—	39	2066 =	23. 10. =	1,0316	2,95	7,8
17	1640 =	1. 9. =	1,0296	2,8	10,5	40	671 =	14. 4. =	1,0313	3,00	—
18	1845 =	26 9. =	1,0288	2,8	6,8	41	852 =	12. 5. =	1,0323	3,00	8,0
19	2040 =	24 10. =	1,0340	2,8	8,0	42	1096 =	10. 6. =	1,0306	3,00	7,4
20	2041 =	= =	1,0295	2,8	7,8	43	1323 =	17. 7. =	1,0327	3,00	9,2
21	2399 =	10. 12. =	1,0325	2,8	6,4	44	1410 =	30. 7. =	1,0323	3,00	9,8
22	2400 =	= =	1,0337	2,8	7,0	45	1459 =	2. 8 =	1,0317	3,00	—
23	1313 =	17. 7. =	1,0299	2,85	6,3	46	1721 =	12. 9. =	1,0295	3,00	7,3

— 21 —

Laufende Nummer	Geschäftszeichen U. A.	Datum	Spez. Gewicht bei 15° C.	Fettgehalt in Prozenten	Säuregrad	Laufende Nummer	Geschäftszeichen U. A.	Datum	Spez. Gewicht bei 15° C.	Fettgehalt in Prozenten	Säuregrad
47	1756/02	17. 9. 02	1,0304	3,00	7,2	107	847/02	12. 5. 02	1,0340	3,35	8,5
48	1812 =	26. 9. =	1,0342	3,00	8,3	108	1819 =	26. 9. =	1,0303	3,35	7,8
49	1816 =	= = =	1,0322	3,00	8,6	109	2051 =	22. 10. =	1,0296	3,35	7,6
50	1844 =	= = =	1,0281	3,00	7,4	110	645 =	11. 4. =	1,0328	3,40	—
51	2044 =	24. 10. 02	1,0300	3,00	8,2	111	653 =	12. 4. =	1,0321	3,40	—
52	2190 =	8. 11. =	1,0332	3,00	6,8	112	1057 =	3. 6. =	1,0311	3,40	10,0
53	2159 =	4. 11. =	1,0328	3,05	6,8	113	1657 =	3. 9. =	1,0288	3,40	8,8
54	638 =	10. 4. =	1,0322	3,10	—	114	1718 =	11. 9. =	1,0312	3,40	—
55	694 =	18. 4. =	1,0329	3,10	—	115	1722 =	12. 9. =	1,0306	3,40	8,0
56	768 =	28. 4. =	1,0310	3,10	8,6	116	1757 =	17. 9. =	1,0295	3,40	7,6
57	931 =	22. 5. =	1,0310	3,10	7,9	117	1803 =	26. 9. =	1,0321	3,40	7,4
58	1158 =	18. 6. =	1,0309	3,10	6,8	118	1821 =	= = =	1,0328	3,40	8 1
59	1436 =	2. 8. =	1,0309	3,10	—	119	1837 =	= = =	1,0309	3,40	9,0
60	1440 =	= = =	1,0307	3,10	—	120	1849 =	= = =	1,0336	3,40	8,6
61	1445 =	= = =	1,0290	3,10	—	121	2046 =	22. 10. =	1,0339	3,40	8,4
62	1447 =	= = =	1,0303	3,10	—	122	2324 =	2. 12. =	1,0324	3,40	6,8
63	1639 =	1. 9. =	1,0300	3,10	10,3	123	1830 =	26. 9. =	1,0334	3,45	10,2
64	1667 =	4. 9. =	1,0306	3,10	9,5	124	1840 =	= = =	1,0334	3,45	9,4
65	1817 =	25. 9. =	1,0323	3,10	8,2	125	631 =	9. 4. =	1,0334	3,50	—
66	1818 =	26. 9. =	1,0327	3,10	8,0	126	688 =	16. 4. =	1,0317	3,50	—
67	1848 =	= = =	1,0338	3,10	8,5	127	759 =	24. 4. =	1,0313	3,50	8,1
68	2254 =	20. 11. =	1,0323	3,10	6,8	128	892 =	16. 5. =	1,0321	3,50	8,3
69	2473 =	20 12. =	1,0339	3,10	6,4	129	1120 =	12. 6. =	1,0322	3,50	8,6
70	1814 =	26. 9. =	1,0325	3,15	8,9	130	1339 =	19. 7. =	1,0298	3,50	10,2
71	1831 =	= = =	1,0314	3,15	8,0	131	1363 =	22. 7. =	1,0292	3,50	9,3
72	686 =	16. 4. =	1,0318	3,20	—	132	1430 =	2. 8. =	1,0313	3,50	—
73	824 =	9. 5. =	1,0325	3,20	7,4	133	1450 =	= = =	1,0312	3,50	—
74	891 =	15. 5. =	1,0316	3,20	7,7	134	1822 =	26. 9. =	1,0321	3,50	9,6
75	957 =	24. 5. =	1,0314	3,20	7,8	135	1828 =	= = =	1,0318	3,50	8,2
76	1062 =	3. 6. =	1,0306	3,20	8,8	136	1833 =	= = =	1,0330	3,50	8,3
77	1086 =	9. 6. =	1,0317	3,20	7,0	137	1924 =	11. 10. =	1,0309	3,50	7,5
78	1141 =	17. 6. =	1,0324	3,20	8,2	138	1940 =	= = =	1,0316	3,50	7,5
79	1173 =	21. 6. =	1,0323	3,20	10,0	139	1966 =	= = =	1,0321	3,50	8,1
80	1439 =	2. 8. =	1.0305	3,20	—	140	1978 =	17. 10. =	1,0320	3,50	6,8
81	1454 =	= = =	1,0295	3,20	—	141	1995 =	= = =	1,0324	3,50	7,5
82	1457 =	= = =	1,0317	3,20	—	142	2077 =	22. 10. =	1,0335	3,50	6,9
83	1551 =	19. 8. =	1,0312	3,20	9,5	143	2454 =	17. 12. =	1,0299	3,50	6,7
84	1569 =	20. 8. =	1,0314	3,20	9,3	144	738 =	21. 4. =	1,0332	3,55	9,4
85	1773 =	22. 9. =	1,0309	3,20	7,0	145	2012 =	17. 10. =	1,0323	3,55	7,6
86	1839 =	26. 9. =	1,0319	3,20	7,8	146	1127 =	13. 6. =	1,0320	3,60	8,8
87	2052 =	22. 10. =	1,0341	3,20	8,2	147	1449 =	2. 8. =	1,0319	3,60	—
88	1263 =	10. 7. =	1,0308	3,25	8,4	148	1456 =	= = =	1,0312	3,60	—
89	1274 =	11. 7. =	1,0309	3,25	9,1	149	1524 =	12. 8. =	1,0328	3,60	10,3
90	1360 =	22. 7. =	1,0308	3,25	9,7	150	1559 =	19. 8. =	1,0313	3,60	9,7
91	1677 =	6. 9. =	1,0295	3,25	10,3	151	1565 =	20. 8. =	1,0292	3,60	10,2
92	1823 =	26. 9. =	1,0303	3,25	8,0	152	1854 =	26. 9. =	1,0300	3,60	8,4
93	1832 =	= = =	1,0333	3,25	8,7	153	1923 =	11. 10. =	1,0322	3,60	7,3
94	2215 =	13. 11. =	1,0325	3,25	6,7	154	2396 =	10 12. =	1,0318	3,60	6,7
95	854 =	12. 5. =	1,0312	3,30	7,8	155	1349 =	19. 7. =	1,0307	3,65	10,4
96	956 =	24. 5. =	1,0308	3,30	8,6	156	2302 =	2. 12. =	1,0322	3,65	7,1
97	1437 =	2. 8. =	1,0307	3,30	—	157	1436 =	2. 8. =	1,0319	3,70	—
98	1438 =	= = =	1,0295	3,30	—	158	1448 =	= = =	1,0333	3,70	—
99	1443 =	= = =	1,0314	3,30	—	159	1451 =	31. 7. =	1,0312	3,70	—
100	1444 =	= = =	1,0302	3,30	—	160	1584 =	22. 8. =	1,0304	3,70	9,6
101	1810 =	26. 9. =	1,0331	3,30	8,4	161	1855 =	26. 8. =	1,0300	3,70	7,2
102	1813 =	= = =	1,0324	3,30	8,6	162	1980 =	17. 10. =	1,0339	3,70	7,2
103	1825 =	= = =	1,0315	3,30	7,7	163	2059 =	22. 10. =	1,0327	3,70	7,6
104	2103 =	25. 10. =	1,0332	3,30	7,3	164	2062 =	23. 10. =	1,0319	3,70	8,2
105	2255 =	20. 11. =	1,0317	3,30	6,9	165	2131 =	31. 10. =	1,0332	3,70	7,5
106	2432 =	15. 12. =	1,0315	3,30	6,4	166	2221 =	13. 11. =	1,0314	3,70	7,3

Laufende Nummer	Geschäftszeichen U. A.	Datum	Spez. Gewicht bei 15° C.	Fettgehalt in Prozenten	Säuregrad	Laufende Nummer	Geschäftszeichen U. A.	Datum	Spez. Gewicht bei 15° C.	Fettgehalt in Prozenten	Säuregrad
167	2075/02	22. 10. 02	1,0333	3,75	6,8	185	1997/02	17. 10. 02	1,0319	4,10	7,8
168	2419 =	12. 12. =	1,0319	3,75	6,5	186	2130 =	31. 10. =	1,0337	4,10	8,1
169	1435 =	2. 8. =	1,0290	3,80	—	187	2191 =	8. 11. =	1,0341	4,10	7,7
170	1824 =	26. 9. =	1,0320	3,80	8,8	188	1119 =	12. 6. =	1,0297	4,20	6,6
171	1853 =	26. 8. =	1,0331	3,80	8,9	189	1391 =	26. 7. =	1,0303	4,20	9,7
172	2420 =	12. 12. =	1,0328	3,80	6,8	190	1269 =	11. 7. =	1,0301	4,30	8,7
173	2474 =	20. 12. =	1,0333	3,80	6,6	191	1829 =	26. 9. =	1,0329	4,30	8,4
174	1911 =	11. 10. =	1,0337	3,85	7,6	192	2061 =	23. 10. =	1,0337	4,30	8,0
175	2211 =	11. 11. =	1,0329	3,85	6,8	193	1157 =	18. 6. =	1,0287	4,40	8,6[1]
176	1436 =	2. 8. =	1,0324	3,90	—	194	1434 =	2. 8. =	1,0296	4,40	—
177	1820 =	26. 9. =	1,0276	3,90	7,1	195	732 =	21. 4. =	1,0292	4,55	6,6
178	2047 =	24. 10. =	1,0305	3,90	8,0	196	1814 =	26. 9. =	1,0319	4,60	8,9
179	2253 =	20. 11. =	1,0313	3,90	7,3	197	1981 =	17. 10. =	1,0297	4,60	6,9
180	753 =	23. 4. =	1,0339	3,95	9,4	198	2104 =	25. 10. =	1,0302	4,90	6,9
181	1436 =	2. 8. =	1,0317	4,00	—	199	1404 =	30. 7. =	1,0274	5,55	10,2
182	2058 =	22. 10. =	1,0327	4,00	7,8	200	2053 =	22. 10. =	1,0298	7,85	9,0
183	2205 =	11. 11. =	1,0333	4,05	7,1	201	1405 =	30. 7. =	1,0195	15,40	9,7
184	1730 =	15. 9. =	1,0314	4,10	7,4						

Die vorstehende Zusammenstellung umfaßt 201 Milchproben. Diese verteilen sich nach dem Fettgehalt wie folgt:

								1901/02
3	Proben Milch von	2,6	% Fettgehalt	=	%	1,5	10,2%
9	= = =	2,7	= =	=	=	4,5	2,9 =
10	= = =	2,8	= =	=	=	5,0	16,0 =
17	= = =	2,85—2,95 =	=	=	=	8,5	
143	= = =	3,0—4,0 =	=	=	=	71,0	58,3 =
16	= = =	4,05—5,0 =	=	=	=	8,0	6,8 =
3	= = =	über 5,0 =	=	=	=	1,5	5,8 =
201						100,0	100,0

Wir werden die Folgerungen, welche wir aus der vorstehenden Zusammenstellung ableiten, weiter unten mitteilen.

Milchproben, welche einer näheren Untersuchung unterzogen wurden.

Geschäftszeichen U. A.	Datum	Auftraggeber	Spez. Gewicht bei 15°	Trockenrückstand in Prozenten	Fettgehalt in Prozenten	Säuregrad	Asche in Prozenten	Spez. Gewicht des Serums	Bemerkungen
Als Vollmilch eingelieferte Proben.									
639/02	14. 4.02	Pol.-Präs.	1,0307	10,82	2,50	—	0,65	1,0265	Teilweise entrahmt
667 =	17. 4. =	=	1,0316	10,16	1,80	—	0,61	1,0259	Teilweise entrahmt
678 =	18. 4. =	=	1,0290	9,92	2,30	—	0,60	1,0242	Desgl. + Wasserzusatz.
708 =	23. 4. =	Arm.-Komm.	1,0339	11,03	1,95	8,6	0,70	1,0289	Teilweise entrahmt
841 =	12. 5. =	Pol.-Präs.	1,0296	10,40	2,60	—	0,62	1,0253	Desgl. + 6% Wasserzusatz
1128 =	16. 6. =	=	1,0285	9,65	2,00	—	0,6	1,0238	Desgl. + 12% Wasserzusatz
1482 =	7. 8. =	Privat	1,0297	—	3,60	—	—	1,0274	3,06% Caseïn + Albumin
1560 =	22. 8. =	Pol.-Präs.	1,0276	10,41	2,80	8,2	0,62	1,0252	7% Wasserzusatz
1699 =	15. 9. =	=	1,0280	11,85	3,65	8,9	0,66	1,0258	Nicht beanstandet
1698 =	= = =	=	1,0256	10,59	3,30	9,3	0,56	1,0231	14% Wasserzusatz
1653 =	3. 9. =	Allerh.-Hosp.	1,0314	10,69	2,30	11,1	0,71	1,0269	Teilweise entrahmt
1804 =	26. 9. =	Pol.-Präs.	1,0273	13,93	6,40	8,0	0,67	1,0254	Nicht beanstandet
1834 =	13.10. =	=	1,0340	11,02	1,90	8,8	0,70	1,0287	Teilweise entrahmt
1835 =	= = =	=	1,0341	10,88	2,20	8,8	0,64	1,0285	Desgl.
2049 =	24.10. =	=	1,0293	10,61	2,60	6,4	0,63	1,0250	nach d Stallprobe=11% Wasserz.
2180 =	12.11. =	=	1,0330	12,56	3,55	—	0,74	1,0283	Stallprobe zu U. A. 2049/02

[1]) Gerinnt beim Aufkochen.

Geschäftszeichen U. A.	Datum	Auftraggeber	Spez. Gewicht bei 15°	Trockenrückstand in Prozenten	Fettgehalt in Prozenten	Säuregrad	Asche in Prozenten	Spez. Gewicht des Serums	Bemerkungen
\multicolumn{10}{c}{Als Magermilch eingelieferte Proben.}
679/02	17. 4.02	Pol.-Präs.	1,0316	8,35	0,30	—	0,65	1,0241	89 Milch + 11 Wasser
901 :	17. 5. :	Privat	1,0319	8,26	—	—	0,69	1,0248	92 Milch + 8 Wasser
1222 :	5. 7. :	:	1,0210	8,62	2,70	—	0,44	1,0185	69 Vollmilch + 31 Wasser
1304 :	19. 7. :	Pol.-Präs.	1,0257	7,94	1,05	—	0,58	1,0211	78 Milch + 22 Wasser
1441 :	5. 8. :	:	1,0313	9,13	0,90	—	0,60	1,0250	92 Milch + 8 Wasser
1442 :	: : :	:	1,0258	7,33	0,70	—	0,56	1,0210	78 Milch + 22 Wasser
1452 :	: : :	:	1,0314	8,62	0,60	—	0,62	1,0251	93 Milch + 7 Wasser
1453 :	: : :	:	1,0317	9,74	1,40		0,67	1,0268	Normal
1570 :	22. 8. :	:	1,0297	8,69	0,85	10,4	0,65	1,0243	90 Milch + 10 Wasser
1764 :	22. 9. :	:	1,0319	9,14	0,90	6,6	0,64	1,0260	Nicht beanstandet
1774 :	: : :	:	1,0290	8,07	0,50	7,0	0,61	1,0231	86 Milch + 14 Wasser
1843 :	27. 9. :	:	1,0239	7,79	1,70	7,4	0,55	1,0195	72 Milch + 28 Wasser
1846 :	: : :	:	1,0321	8,74	0,50	7,8	0,66	1,0255	94 Milch + 6 Wasser
1847 :	1.10. :	:	1,0261	7,87	1,10	6,2	0,53	1,0212	79 Milch + 21 Wasser
1850 :	: : :	:	1,0292	8,68	1,30	7,0	0,56	1,0237	88 Milch + 12 Wasser
1851 :	: : :	:	1,0310	8,87	0,90	8,2	0,65	1,0246	90 Milch + 10 Wasser
1852 :	: : :	:	1,0241	9,43	2,85	6,9	0,55	1,0209	77 Vollmilch + 23 Wasser
1856 :	: : :	:	1,0307	9,24	1,25	7,2	0,59	1,0252	93 Milch + 7 Wasser
2048 :	24.10. :	:	1,0277	8,59	1,30	6,0	0,56	1,0226	84 Milch + 16 Wasser
2050 :	: : :	:	1,0299	10,56	2,50	7,0	0,57	1,0250	92 Halbmilch + 8 Wasser
2267 :	27.11. :	:	1,0292	8,96	1,30	—	0,54	1,0238	88 Milch + 12 Wasser

Von Einzelfällen erwähnen wir lediglich folgende:

U. A. 2325 und 2327/02. Fischige Milch. Von einem Milchpächter wurden an zwei aufeinanderfolgenden Tagen Milchproben überbracht, die von der Kundschaft zurückgewiesen worden waren. Im rohen Zustande hatte diese Milch normalen Geruch und Geschmack. Wurde die Milch dagegen gekocht, so trat deutlich fischartiger Geruch und Geschmack auf. Die Milch mußte als verdorben erklärt werden. Die Ursache dieser Abnormität konnte nicht festgestellt werden.

U. A. 1774/02. Gewässerte Milch. Bei einer Vorkosthändlerin war Magermilch entnommen worden, welche sich als gewässert erwies. S. Tabelle. Infolgedessen wurde Anklage gegen die Vorkosthändlerin erhoben. Da diese ganz energisch bestritt, die Milch durch Wasserzusatz verfälscht zu haben, so wurde ein ziemlich umfangreicher Beweisapparat aufgeboten. Durch die Beweisaufnahme wurde die Vorkosthändlerin ganz erheblich entlastet. Der als Zeuge vernommene Milchlieferant sagte aus, daß gerade in der betreffenden Zeit sein durch fließendes Wasser gekühlter Milchkühler defekt gewesen sei, so daß das Wasser auf diesem Wege (angeblich unbeabsichtigt) in die Milch gelangt sei.

Am 28. Dezember 1901 ist für Breslau eine neue, den Verkehr mit Milch regelnde Polizei-Verordnung erlassen worden. Dieselbe ist rechtlich am 1. April, tatsächlich aber erst am 1. Mai in Kraft getreten. Wir können unser Urteil dahin zusammenfassen, daß diese Verordnung sich bis jetzt bewährt hat.

Fettgehalt. Die Festsetzung des Mindestfettgehaltes von 2,7 % hat die erfreuliche Folge gehabt, daß seit dem 1. April 1902 jene Milchproben aus dem Verkehr verschwunden sind, welche wir bei einem Fettgehalt von 2,3—2,7% aus schon wiederholt geäußerten Gründen vorher nicht beanstandet haben. Es macht förmlich den Eindruck, als ob die Kühe der Breslauer Umgebung Polizei-Verordnungen zu lesen und zu würdigen vermöchten.

Wir glauben also versichern zu dürfen, daß die Beschaffenheit der Breslauer Milch sich mit dem Inkrafttreten der angezogenen Verordnung verbessert hat. — Man könnte dem entgegenhalten, daß unsere eigenen Angaben das Gegenteil beweisen, insofern, als der Prozentsatz der Beanstandungen bei den polizeilichen Proben während der Berichtsperiode 8,5%, im Vorjahre aber nur 8,0% betrug.

Das ist allerdings richtig, indessen ist dabei zu erwägen, daß in den Vorjahren 10—12% aller Milchproben einen Fettgehalt unter 2,6% hatten. Diese Milchproben, welche sicherlich teilweise entrahmt waren und eigentlich hätten beanstandet werden müssen, sind gegenwärtig aus dem Verkehr verschwunden und darin besteht die Besserung gegenüber den Vorjahren.

Bezeichnung der Gefäße. Die Forderung der neuen Verordnung, daß die Gefäße, in welchen Milch transportiert, feilgehalten und verkauft wird, die Bezeichnung ihres Inhaltes tragen müssen, und daß der Inhalt auch dieser Bezeichnung entsprechen muß, hat sich im allgemeinen gleichfalls bewährt. Freilich schließt dies günstige Urteil nicht aus, daß diese Bestimmung häufig nicht befolgt wird, ohne daß es möglich ist, die Dawiderhandelnden zur Rechenschaft zu ziehen.

Man wird einem Milchhändler, welcher Vollmilch in einer mit der Bezeichnung „Magermilch" versehenen Kanne feilhält, kaum beweisen können, daß dies Vollmilch und nicht Magermilch ist. — Dem Verfasser dieses Berichts ist es selbst passiert, daß eine offenbar mit Rahm gefüllte Kanne die Signatur Vollmilch trug. Der Verkäufer behauptete, das sei Vollmilch und es mußte darüber hinweggesehen werden, obgleich die Untersuchung später ergab, daß diese angebliche Vollmilch ca. 10% Fett enthielt. Um diesem Übelstande abzuhelfen, wäre eine intensive Mithilfe des kaufenden Publikums erforderlich.

Um die Kontrolle der nach Breslau eingeführten Milch zu verschärfen, haben wir noch zwei Einrichtungen getroffen, über welche wenigstens ganz kurz berichtet werden soll.

Säuregrad. Die genannte Verordnung sagt: Vom Verkehr und Verkaufe ausgeschlossen ist Milch, welche beim Aufkochen gerinnt, oder welche mehr als 7 Säuregrade nach Soxhlet-Henkel hat."

Wir haben diese Vorschrift bisher mit einer gewissen Zurückhaltung in die Praxis übertragen. Zunächst wird Sorge dafür getragen, daß die Milch nicht ohne Verschulden des Verkäufers einen hohen Säuregrad annimmt. Zu diesem Zwecke werden den Kommissariaten für die Ankäufe der Milch Flaschen geliefert, welche in unserem Amte gereinigt und scharf ausgetrocknet worden sind. Die Flaschen werden mit neuen Korkstopfen versehen. — Ferner sind die Kommissariate angewiesen worden, die angekauften Milchproben ohne größeren Aufenthalt in unser Amt einzuliefern.

Endlich wird jede eingelieferte Milchprobe bei uns sofort aufgekocht und außerdem auf den Säuregrad untersucht. Beanstandet wurden bisher nur solche Proben, welche beim Aufkochen gerannen. Es hat sich nämlich (vergl. die Tabelle) gezeigt, daß zwar Milch mit einem Säuregehalt bis zu 7 Säuregraden beim Aufkochen nicht gerinnt, daß aber der Punkt, bei welchem Gerinnung beim Kochen eintritt, nicht auf einen bestimmten Säuregrad festgelegt werden kann, d. h. in einem Falle gerann Milch von 8,6 Säuregraden, während zahlreiche Milchproben mit 10 Säuregraden und darüber nicht gerannen.

Kontrolle der Molkerei-Milch. Da die regelmäßige Milchkontrolle sich mit der von den hiesigen Molkereien in den Verkehr gebrachten Milch nur wenig befaßt, so haben wir eine Art privater Kontrolle eingerichtet und lassen jährlich etwa 150 bis 200 Milchproben an verschiedenen Standorten zur Untersuchung ankaufen.

Wir können mitteilen, daß die Milch der Breslauer Molkereien von recht guter Beschaffenheit ist.

Tor-Kontrolle. Wird eine auf Anordnung des Polizei-Präsidiums angekaufte Milch beanstandet, so wird in der Regel der Breslauer Verkäufer angeklagt und gewöhnlich verurteilt. Die Bemühungen der Staatsanwaltschaft und des Untersuchungsrichters, den Fälschungen bis an den ländlichen Ursprungsort nachzugehen, führen nur ausnahmsweise zu einem positiven Ergebnis. Kein ländlicher Zeuge hat im allgemeinen eine Vorstellung davon, daß auf dem Lande Milch verfälscht werden könnte.

Um diesen ländlichen Fälschungen auf den Leib zu rücken, haben wir die Einrichtung getroffen, daß wir von Zeit zu Zeit einige Tore besetzen und die herangeschaffte Milch prüfen, ehe sie in die Stadt eingeführt wird.

Diese Maßregel erscheint am grünen Tisch sehr einfach, in der Wirklichkeit aber gestaltet sie sich dagegen ziemlich schwierig. Zunächst wickelt sich die Torkontrolle in den frühen Morgenstunden, etwa von $3\frac{1}{2}-6\frac{1}{2}$ Uhr ab, also zu einer Zeit, während welcher es während des größeren Teiles des Jahres dunkel ist, so daß die Untersuchenden auf das Licht der Laternen beschränkt sind. Ferner sind diese Untersuchungen, da sie einige Tage vorher vorbereitet werden müssen, von der Witterung stark abhängig. Es ist kein Vergnügen, im strömenden Regen 3—4 Stunden lang im Freien tätig sein zu müssen. Endlich treffen die Milchwagen sehr unregelmäßig ein. An einem Tor passieren z. B. im ganzen 24 Wagen. Die ersten derselben kommen gewöhnlich in Pausen von $\frac{1}{4}-\frac{1}{2}$ Stunde, dann gegen 6 Uhr kommt das Gros angerückt. Es stauen sich plötzlich 12 und mehr Wagen. Da auf einem Wagen 20 und mehr Kannen mit Milch sein können, so sind wir darauf beschränkt Stichproben zu entnehmen, wenn die Wagen nicht so lange warten sollen, daß die rechtzeitige Lieferung der Frühstücksmilch in Frage gestellt wird.

Kurz, so schön sich diese Einrichtung auf dem Papier ausnimmt, ebenso schwierig ist ihre Durchführung in der Praxis.

Immerhin ist es uns gelungen in einer ganzen Anzahl von Fällen festzustellen, daß die Milch schon im gepantschten Zustande (teilweise entrahmt oder gewässert) nach Breslau eingeführt wird und zwar sind diese Fälschungen fast ausnahmslos auf die bäuerlichen Kreise zurückzuführen.

Zu wünschen wäre es nun, daß die Gerichte in solchen Fällen, in denen durch die Torkontrolle der Beweis erbracht ist, daß die Fälschungen außerhalb Breslaus vorgenommen worden sind, angemessene, d. h. exemplarische Strafen verhängen möchten.

Nur empfindliche Strafen sind imstande die Fälschungen, welche gerade bei der Milch so nahe liegen, weil dieselbe innerhalb weniger Stunden aus dem Verkehr verschwindet, wirksam einzuschränken.

Milch-Statistik. Die letzte Feststellung der Menge der in die Stadt Breslau eingeführten Milch erfolgte im Jahre 1880. Der Jahresbericht des Chemischen Untersuchungsamtes der Stadt Breslau für 1882/83 besagt darüber folgendes:

„Die Milchmenge, welche hierorts verkauft wird, beträgt nach approximativer Schätzung 65 000 Liter. Die letzten genauen Aufzeichnungen wurden am 14. und 15. Mai 1880 gemacht.

Am 14. Mai 1880 wurden durch die Tore der Stadt eingeführt:

43 913 Liter Milch
6 178,5 " Sahne
Sa. 50 091,5 Liter.

Diese Milch stammte von 398 Milchwirtschaften.

Am 15. Mai 1880 wurden durch die Tore der Stadt eingeführt:

42 154 Liter Milch
5 448,5 " Sahne
Sa. 47 602,5 Liter.

Diese Milch stammte von 383 Wirtschaften.

Hierzu kamen noch täglich 4000 Liter aus der Molkereigenossenschaft und 8000 Liter auf der Eisenbahn. — In der Stadt selbst wurden täglich noch 5800 Liter Milch produziert, wovon 800 Liter Ziegenmilch darstellen.

Im Ganzen betrug zur angegebenen Zeit der tägliche Verkauf von Milch 58000 Liter, d. i. ²/₉ Liter pro Kopf und Tag.

Auf unsere Veranlassung ist der Milchverbrauch der Stadt Breslau neuerdings nochmals festgestellt worden. Die Feststellung erfolgte durch das Königliche Polizei-Präsidium. Über das Ergebnis wurde uns von dem Polizei-Physikus, Geheimen Medizinalrat, Prof. Dr. Jacobi folgendes mitgeteilt:

Am 13. und 14. März 1903 hat das Königl. Polizei-Präsidium die von Ihnen gewünschten Erhebungen anstellen lassen. Das Ergebnis war folgendes:

In 1356 Verkaufsstellen wurden feilgehalten

1903	Vollmilch Liter	Magermilch Liter	Sahne Liter
März 13.	102 205	14 080	4 837,75
" 14.	101 672	13 893	4 816,25
Durchschnitt	101 938,5	13 986,5	4 827,0

Hiervon entfielen allein 17 754 Liter auf die Molkerei-Genossenschaft in der Berliner Straße; außerdem entfielen 1212 Liter auf 37 Kuhställe innerhalb des städtischen Gebietes. (Ein Kuhstall mit 28 Kühen produzierte 250 Liter, ein anderer mit 21 Kühen = circa 170 Liter, ein dritter mit 10 Kühen = 75 Liter Milch).

Außerdem werden vielfach Ziegen gehalten. Verkauft werden täglich aus 2 Ställen = 12 Liter Ziegenmilch. Indessen halte ich diese Zahlen für unsicher.

Da Breslau zur fraglichen Zeit rund 436000 Einwohner hatte, so ergibt sich aus den obigen Zahlen ein Verbrauch von Vollmilch + Magermilch + Sahne von rund $1/4$ Liter pro Kopf und Tag.

Butter.

Die Untersuchung von Butter beschäftigte das Amt während der Berichtsperiode in 184 Fällen (225 Fälle während des Vorjahres) und zwar wurden eingeliefert:

60 Proben durch das Königliche Polizei-Präsidium,
52 = = Gerichte und andere Behörden,
58 = = den Magistrat der Stadt Breslau,
14 = = Private.

Besondere Änderungen haben sich bezüglich des Verkehrs mit Butter in Breslau während der Berichtszeit nicht ergeben. Wer einen angemessenen Preis anlegt, kann in den zahlreichen Sonder-Geschäften gute, ja vorzügliche Butter jederzeit erwerben. Die auf den Wochenmärkten feilgehaltene Butter gibt bisweilen wegen übermäßig hohen Gehaltes an Wasser oder Kochsalz, auch wegen ihrer Qualität Veranlassung zu Ausstellungen. — Dagegen kann Breslau eine erfreuliche Tatsache für sich in Anspruch nehmen, die nämlich, daß Butterfälschungen durch Zusatz von Margarine hierorts zu den allergrößten Seltenheiten gehören. Sie kommen eigentlich gar nicht zu unserer Kenntnis, und das ist um so auffallender und bemerkenswerter, als der Preis der Butter zeitweise eine Höhe annimmt, welche schließlich zu unlauteren Handlungen herausfordert.

Eine Wandlung bereitet sich in dem Verkehr mit Butter vor, auf welche wir an dieser Stelle aufmerksam machen möchten.

Es haben nämlich die hiesigen Warenhäuser begonnen, den Verkauf von Nahrungsmitteln, u. a. auch von Butter in ihr Programm aufzunehmen. — Es ist in einer Gerichtsverhandlung aktenmäßig festgestellt worden, daß ein hiesiges Warenhaus (nicht das größte, sondern ein solches mittleren Umfanges) an einem bestimmten Tage (im Juni) 1500 Stücke Butter von je $1/4$ kg Gewicht abgesetzt hat. — Das Warenhaus kaufte das Kilo mit 1,90 ℳ ein und verkaufte es für 1,96 ℳ, also mit dem bescheidenen Nutzen von 6 ₰ per Kilogramm.

Es ist vorauszusehen, daß die große Mehrzahl der Minderbegüterten ihre Lebensmittel und unter ihnen die Butter, in einer nicht entfernten Zukunft ebenso in Warenhäusern einkaufen wird, wie sie heute schon eine Unmasse von Gebrauchsgegenständen von dort bezieht. Damit wäre dem Kleinhandel wiederum ein Stück seines Lebensbodens streitig gemacht.

Wir lassen nunmehr die Ergebnisse der im Auftrage der städtischen Behörden ausgeführten Butteruntersuchungen folgen:

Untersuchung der vom Magistrat der Stadt Breslau eingelieferten Butterproben.

Geschäfts-zeichen U. A.	Datum	Wasser in Prozenten	Trocken-rückstand in Prozenten	Kochsalz in Prozenten	Wollny's Zahl	Bemerkungen
		Krankenhaus zu Allerheiligen.				
597/02	7. 4. 02	10,2	89,8	1,3	28,6	Tafelbutter
=	=	9,6	90,4	0,9	28,2	Kochbutter
1241/02	10. 7. 02	11,7	88,3	1,3	27,7	Tafelbutter
=	=	10,1	89,9	1,2	27,2	Kochbutter
1310/02	17. 7. 02	10,8	89,2	1,2	27,8	=
1653/02	4. 9. 02	10,7	89,3	1,4	24,8	Tafelbutter
=	=	10,2	89,8	1,0	27,1	Kochbutter
1929/02	9. 10. 02	11,3	88,7	0,9	26,9	Tafelbutter
=	=	10,5	89,5	1,8	28,1	Kochbutter
		Armenhaus.				
659/02	18. 4. 02	8,2	91,8	1,3	28,4	Tafelbutter
1224/02	7. 7. 02	13,8	86,4	1,1	27,2	=
1951/02	10. 10. 02	13,1	86,9	1,1	26,5	Butter
2116/02	31. 10. 02	10,4	89,6	0,9	28,6	Tafelbutter
		Irrenhaus.				
596/02	2. 4. 02	8,1	91,9	1,4	28,4	Kochbutter
=	=	10,0	90,0	1,3	29,2	Tafelbutter
1225/02	7. 7. 02	10,3	89,7	1,4	26,8	Kochbutter
=	=	14,2	85,8	1,2	27,4	Tafelbutter
1906/02	11. 10. 02	10,1	89,9	3,7	29,7	Kochbutter, der Kochsalzgeh. verstößt geg. die Pol.-Verord. v. 1. 7. 98.
=	=	12,5	87,5	1,6	27,5	Tafelbutter
2259/02	20. 11. 02	10,3	89,7	1,3	31,4	Kochbutter
		Claassen'sches Siechhaus.				
615/02	8. 4. 02	10,2	89,8	1,4	28,4	Tafelbutter I
=	=	9,7	90,3	1,0	28,2	Tafelbutter II (Kochbutter)
807/02	10. 5. 02	12,67	87,34	1,81	28,8	Tafelbutter I
=	=	12,26	87,74	1,07	27,6	Kochbutter
1080/02	11. 6. 02	10,8	89,2	1,7	28,6	Tafelbutter
=	=	9,87	80,13	1,2	26,8	Kochbutter
1247/02	11. 7. 02	14,0	86,0	1,1	28,2	Tafelbutter
=	=	10,7	89,3	0,8	26,4	Kochbutter
1692/02	13. 9. 02	12,9	87,1	1,3	28,8	Tafelbutter
=	=	15,7	84,3	0,9	28,9	Kochbutter
1503/02	15. 8. 02	12,3	87,7	1,3	28,0	Tafelbutter
=	=	10,8	89,2	0,8	26,4	Kochbutter
1931/02	9. 10. 02	11,7	88,3	0,8	27,5	Tafelbutter
=	=	9,0	91,0	1,4	26,9	Kochbutter
2200/02	12. 11. 02	10,5	89,5	1,0	29,7	Tafelbutter
=	=	9,0	91,0	1,0	26,0	Kochbutter
2389/02	15. 12. 02	9,5	90,5	3,2	27,7	Tafelbutter
=	=	10,7	89,3	0,3	26,6	Kochbutter
		Wenzel Hancke'sches Krankenhaus.				
608/02	7. 4. 02	11,8	88,2	1,3	27,8	Eßbutter
=	=	8,6	91,4	1,4	28,2	Kochbutter
1237/02	7. 7. 02	13,9	86,1	1,5	26,8	Tafelbutter
=	=	10,7	89,3	1,2	25,2	Kochbutter
1917/02	11. 10. 02	15,6	84,4	2,0	27,1	Tafelbutter
=	=	11,2	88,8	1,3	26,3	Kochbutter
2167/02	7. 11. 02	11,5	88,5	1,2	28,4	Tischbutter
=	=	11,5	88,5	1,4	25,6	Kochbutter
2384/02	16. 12. 02	11,7	88,3	1,1	25,5	Tischbutter
=	=	9,8	90,2	2,3	25,2	Kochbutter

Geschäfts-zeichen U. A.	Datum	Wasser in Prozenten	Trocken-rückstand in Prozenten	Kochsalz in Prozenten	Wollny's Zahl	Bemerkungen
	Zufluchtshaus für Genesende in Weidenhof.						
866/02	16. 5. 02	10,9	89,1	1,6	28,2	Tafelbutter
=	=	10,3	89,7	1,0	26,8	Kochbutter
1256/02	12. 7. 02	10,7	89,3	1,4	28,8	Tafelbutter
=	=	11,0	89,0	1,0	24,6	Kochbutter
1706/02	13. 9. 02	13,5	86,5	1,3	27,4	Eßbutter
=	=	10,6	89,4	1,1	27,3	Kochbutter
2263/02	21. 11. 02	11,9	88,1	1,8	29,8	Tafelbutter I
=	=	9,5	90,5	1,3	26,1	Kochbutter

Butterproben, im Auftrage des Königlichen Polizei-Präsidiums untersucht, bei denen die Vorprüfung (Bestimmung der Wollnyschen Zahl) zu einer Beanstandung nicht führte.

Laufende Nummer	Geschäfts-zeichen U. A.	Datum	Wollnys Zahl	Bemerkungen	Laufende Nummer	Geschäfts-zeichen U. A.	Datum	Wollnys Zahl	Bemerkungen
1	604/02	7. 4. 02	28,8	Verpackung unvorschriftsmäßig	26	1368/02	26. 7. 02	28,6	Verpackung unvorschriftsmäßig
2	605 =	= = =	28,4	desgl.	27	1372 =	= = =	27,7	
3	606 =	= = =	26,8	desgl.	28	1558 =	19. 8. =	29,7	Verp. unvorschr.
4	621 =	8. 4. =	27,4		29	1561 =	= = =	28,2	
5	622 =	= = =	26,8		30	1571 =	20. 8. =	28,4	
6	643 =	14. 4. =	28,6	Verp. unvorschr.	31	1577 =	23. 8. =	29,4	
7	644 =	= = =	28,4		32	1585 =	= = =	28,6	
8	652 =	= = =	27,6		33	1642 =	3. 9. =	27,2	Verp. unvorschr.
9	654 =	= = =	28,4		34	1703 =	11. 9. =	27,0	desgl.
10	683 =	16. 4. =	28,4		35	1704 =	= = =	26,5	
11	684 =	18. 4. =	26,8		36	1750 =	18. 9. =	26,5	
12	706 =	21. 4. =	26,4		37	1765 =	= = =	29,0	
13	707 =	= = =	23,8		38	1791 =	26. 9. =	28,6	
14	718 =	= = =	29,4		39	1792 =	= = =	28,5	Verp. unvorschr.
15	741 =	28. 4. =	28,8	Verp. unvorschr.	40	1793 =	= = =	29,9	desgl.
16	748 =	2. 5. =	28,4	desgl.	41	1800 =	27. 9. =	27,3	desgl.
17	769 =	5. 5. =	28,4		42	1979 =	15. 10. =	30,4	
18	812 =	10. 5. =	28,2		43	2007 =	17. 10. =	31,0	Verp. unvorschr.
19	822 =	16. 5. =	27,6		44	2074 =	22 10. =	25,8	
20	832 =	= = =	27,3		45	2106 =	24. 10. =	31,6	
21	975 =	31. 5. =	28,6	Verp. unvorschr.	46	2138 =	5. 11. =	25,0	Verp. unvorschr.
22	1097 =	11. 6. =	26,8	desgl	47	2252 =	20. 11. =	31,5	
23	1152 =	21. 6. =	27,6		48	2304 =	29. 11. =	25,0	
24	1272 =	10. 7. =	26,8	Verp. unvorschr.	49	2366 =	10. 12. =	27,2	
25	1275 =	11. 7. =	27,7		50	2456 =	18. 12. =	26,6	

Vom Königlichen Polizei-Präsidium eingelieferte Butterproben, welche näher untersucht wurden.

Geschäfts-zeichen U. A.	Datum	Auftraggeber	Wasser Proz.	Trocken-rückstand Proz.	Kochsalz Proz.	Wollnys Zahl	Säuregrad	Bemerkungen
519/02	2. 4. 02	Pol.-Pr.			3,5	28,8		Tafelbutter. Nicht beanstandet.
617 =	9. 4. =	=				28,2	16,8	Von privater Seite der Polizei eingeliefert unter Verdacht der Minderwertigkeit. Kochbutter. Verdorben. Sehr ranziger Geruch und Geschmack.
735 =	2. 5. =	=	10,2	89,8		27,7		Angeblich zu viel Wasser. Tafelbutter. Verpackung unvorschriftsmäßig.
736 =	= = =	=	10,3	89,7		26,8		Angeblich zu viel Wasser. Kochbutter.

— 30 —

Ge-schäfts-zeichen U. A.	Datum	Auf-trag-geber	Wasser Proz.	Trocken-rück-stand Proz.	Kochsalz Proz.	Wollnys Zahl	Säuregrad	Bemerkungen
758/02	5. 5. 02	Pol.-Pr.			2,2	28,8		Angeblich zu großer Salzgehalt und talgiger Geschmack. Tafelbutter. Normaler Geruch und Geschmack.
811 =	12. 5. =	=			4,02	28,6		Tafelbutter. Guter aber salziger Geschmack.
1017 =	4. 6. =	=	11,14	88,86	2,64	26,8	6,2	Ranzig. Verpackung unvorschriftsmäßig. Verdorben. Tafelbutter.
1153 =	21. 6. =	=	16,24	83,76	5,76	28,6		Salzig. Tafelbutter.
1994 =	17. 10. =	Staats-anwalt Breslau				27,2	11,2	Unverfälscht, aber zur Zeit des Eintreffens verdorben.
=	= = =					24,4	10,0	

Butterproben, welche unter dem bestimmten Verdacht eingeliefert wurden, daß sie aus Margarine beständen.

Ge-schäfts-zeichen U. A.	Datum	Auftraggeber	Wollnys Zahl	Säure-grad	Koch-salz %	Wasser %	Bemerkungen
740/02	23. 4. 02	Staatsanw. Breslau	25,3	8,2	—	—	Unverfälscht
818 =	5. 5. =	Auswärt. Staatsanw.	28,6	—	—	—	Angeblich mit fremden Fetten vermischt. Sesam-ölreaktion = 0
= =	= = =	= =	28,8	—	—	—	
864 =	16. 5. =	Auswärt. Pol.-Verw.	27,7	—	3,75	10,1	Angeblich mit Margarine vermischt
865 =	20. 5. =	Auswärt. Staatsanw.	24,9	—	12,5	16,94	Im Beginn talgiger Veränderung, mit auskristall. Kochsalz bedeckt. Verfälscht.
907 =	22. 5. =	Privat	28,6	—	—	—	
908 =	= = =	=	28,2	10,2	—	—	Verdorben. Oberfläche talgig verändert. Geruch und Geschmack talgig verändert.
1101 =	12. 6. =	=	27,7	—	—	15,83	
1183 =	21. 6. =	Auswärt. Pol.-Verw.	30,2	—	—	—	
= =	= = =	=	30,0	—	—	—	
= =	= = =	=	28,9	—	—	—	
1154 =	= = =	=	26,8	—	—	15,3	
1177 =	25. 6. =	=	28,2	—	4,03	16,6	
= =	= = =	=	28,8	—	4,1	13,3	
1182 =	= = =	Auswärt. Staatsanw.	27,8	22,4	5,0	15,6	Verdorben, Ranzig
1187 =	27. 6. =	Auswärt. Pol.-Verw.	27,1	—	—	—	
= =	= = =	=	27,7	—	—	—	
= =	= = =	=	26,7	—	—	—	
= =	= = =	=	27,7	—	—	—	
= =	= = =	=	28,2	—	—	—	
= =	= = =	=	26,8	—	—	—	
= =	= = =	=	26,4	—	—	—	
= =	= = =	=	22,8	—	—	—	
= =	= = =	=	30,6	—	—	—	
= =	= = =	=	24,2	—	—	—	
= =	= = =	=	26,8	—	—	—	
= =	= = =	=	27,5	—	—	—	
= =	= = =	=	28,8	—	—	—	
= =	= = =	=	26,4	—	—	—	
= =	= = =	=	26,2	—	—	—	
= =	= = =	=	28,4	—	—	—	
= =	= = =	=	28,5	—	—	—	
= =	= = =	=	30,0	—	—	—	
= =	= = =	=	26,3	—	—	—	
= =	= = =	=	28,6	—	—	—	
= =	= = =	=	30,6	—	—	—	
= =	= = =	=	29,8	—	—	—	
= =	= = =	=	30,5	—	—	—	

Geschäfts-zeichen U. A.	Datum	Auftraggeber	Wollnys Zahl	Säuregrad	Kochsalz %	Wasser %	Bemerkungen
1187/02	27. 6. 02	Auswärt. Pol.-Verw.	31,4	—	—	—	
= =	= = =	= =	28,6	—	—	—	
= =	= = =	= =	31,1	—	—	—	
= =	= = =	= =	31,3	—	—	—	
= =	= = =	= =	29,0	—	—	—	
= =	= = =	= =	28,4	—	—	—	
= =	= = =	= =	29,3	—	—	—	
= =	= = =	= =	28,5	—	—	—	
= =	= = =	= =	30,6	—	—	—	
1200 =	30. 6. =	Privat	27,7	16,6	3,8	14,6	Backbutter
1207 =	1. 7. =	=	27,4	—	1,74	11,6	
1251 =	4. 7. =	Auswärt. Pol.-Verw.	28,4	—	—	—	
= =	= = =	= =	26,2	—	—	—	
= =	= = =	= =	27,6	—	—	—	
= =	= = =	= =	26,4	—	—	—	
1240 =	5. 7. =	= =	28,4	—	—	—	
1245 =	17. 7. =	Privat	26,6	—	4,3	12,2	
= =	= = =	=	27,4	—	5,9	8,9	
= =	= = =	=	27,8	—	5,1	12,6	
= =	= = =	=	27,2	—	5,4	15,6	Fett = 78,9. Bleibt hinter dem geforderten Minimalfettgehalt um 1% zurück.
1395 =	28. 7. =	Auswärt. Staatsanw.	28,8	4,0	—	—	
1461 =	2. 8. =	Privat	—	—	2,8	—	
1488 =	5. 8. =	Auswärt. Pol.-Verw.	29,2	6,8	—	—	
1538 =	14. 8. =	Privat	28,6	—	—	—	
1531 =	15. 8. =	=	26,6	36,2	—	—	Stark ranziger Geruch und Geschmack
2196 =	12. 11. =	Auswärt. Pol.-Verw.	31,5	—	1,95	—	
2270 =	21. 11. =	Privat	31,1	—	—	—	
2507 =	30. 12. =	=	29,0	—	—	—	

Margarine, Schweineschmalz.

Margarine. Zur Einlieferung gelangten insgesamt 36 Proben Margarine und zwar:

Von dem Königlichen Polizei-Präsidium 20 Proben

Von Gerichten . . . . 4 =

Von Privaten . . . . 12 =

Alle eingelieferten Proben enthielten das gesetzlich vorgeschriebene Erkennungsmittel (Sesamöl). Sie entsprachen ferner bezüglich des zulässigen Maximalgehaltes an Milchfett sämtlich den gesetzlichen Bestimmungen.

Die Wollny-Zahl war in rund 50% der Fälle bis 1,00, in rund 45% der Fälle von 1—2,0 und in rund 5% der Fälle ein wenig über 2,0.

Ein Farbstoff, welcher durch Salzsäure gerötet wird, war in 80% der Fälle (1900/01 = 55%, 1901/02 = 67% der Fälle) zugegen. Wir nähern uns damit immer mehr dem von uns schon früher vorausgesagten Zustande, daß nämlich jede Margarineprobe einen solchen Farbstoffzusatz enthalten wird, und damit wird dieser Teil der Prüfung der Margarine eine von Jahr zu Jahr unangenehmere Aufgabe.

Ausstellungen bezüglich der Fettsubstanz der Margarine waren nicht zu machen. Wenn auch die eingelieferten Proben zum Teil Baumwollsamenöl enthielten, so war hiergegen doch keineswegs einzuschreiten, da gesundheitliche Bedenken gegen den Genuß dieses Öles unseres Wissens bisher noch nicht geltend gemacht worden sind.

In zwei Fällen war die Margarine borsäurehaltig. Von einer Beanstandung wurde abgesehen, weil diese Fälle vor dem 1. Oktober 1902 lagen. Auf Grund der Bekanntmachung des Herrn Reichskanzlers vom 18. Februar 1902 ist zwar Margarine als „Fleisch" aufzufassen und demgemäß der Zusatz von Borsäure zur Margarine verboten. Da aber die angezogene Bekanntmachung erst mit dem 1. Oktober in Giltigkeit trat, sahen wir während dieser Übergangszeit von einer Beanstandung wegen Borsäuregehaltes ab.

In einigen Fällen wurde uns Margarine zur Beurteilung vorgelegt, welche infolge von Pilzwachstum verdorben war:

U. A. 1209/02. Ein Margarinehändler hatte von einer Fabrik eine ganze Sendung Margarine erhalten, welche mehr oder weniger von Pilzen befallen war. Zum Teil waren es Kolonien von Mikroorganismen, welche orangerote, rote und violette Farbstoffe produzierten, übrigens nicht näher charakterisiert wurden.

Die Hauptmenge der Pilze aber bestand aus Schimmelpilzen, welche die Oberfläche in großen Plaques bedeckten und mehr oder weniger auch in das Innere der Margarine sich verbreitet, namentlich aber solche Stellen befallen hatten, zu denen die Luft mehr oder weniger Zutritt fand.

Die befallenen Gebinde wurden als verdorben erklärt.

U. A. 2197/03. Wiederhergestellte Margarine. Von einer auswärtigen Staatsanwaltschaft wurden wir um Abgabe eines Gutachtens in folgender Margarine-Sache ersucht.

Ein Bäcker hatte Margarine bezogen und in Gebrauch genommen. Während der Aufbewahrung trat in der Margarine eine Pilzbildung auf, wie sie oben beschrieben ist. Der Bäcker schmolz die Margarine aus, klärte das Fett und verwendete es in diesem geklärten Zustande weiter zum Backen. Wegen Verbrauchens dieser wiederhergestellten Margarine wurde er angezeigt. Es fragte sich nun, ob hierin eine Übertretung des Nahrungsmittelgesetzes zu erblicken sei.

Wir gelangten zu einer Verneinung dieser Frage. Die übersendeten Margarineproben waren zur Zeit der Untersuchung von normaler Beschaffenheit und enthielten keinerlei Pilzbildungen. Es war dem Bäcker demnach nach unserer Auffassung nicht zu beweisen, daß er ein verdorbenes Material zum Backen verwendet hatte. Eine gesundheitsschädliche Wirkung kam nicht in Frage, da eine solche nicht beobachtet worden war.

Wir hatten in unserem vorigen Berichte S. 35 darauf aufmerksam gemacht, daß die Einwickelpapiere, in welchen Margarine im Einzelverkauf abgegeben wird, außer dem Wort Margarine und dem Namen bez. der Firma des Verkäufers häufig noch alle möglichen Anpreisungen enthalten, und daß die Gerichte diesen kleinen Verstößen gegenüber sich verschieden verhalten, indem sie teils zu Verurteilungen, teils zu Freisprechungen gelangen.

Soweit die im Großhandel befindlichen größeren Gebinde in Frage kommen, liegt seitdem ein Urteil des Oberlandesgerichts Breslau vor, welches sich die mildere, d. h. für die Margarinefabrikanten günstigere Auffassung angeeignet hat. Das unter dem Aktenzeichen 7. 3. S. 343/02 ergangene Urteil vom 6. November 1902 lautet wie folgt:

Der Angeklagte ist durch das Urteil des Königlichen Landgerichtes Breslau als Berufungsinstanz wegen Übertretung des Reichsgesetzes vom 15. Juni 1897 betreffend den Verkehr mit Butter, Käse, Schmalz und deren Ersatzmitteln zu einer Geldstrafe von 1 Mark, im Unvermögensfalle zu 1 Tage Haft, verurteilt worden, weil er in den Monaten Juni-August 1902 zu Breslau Margarine gewerbsmäßig feilgeboten und dieselbe auf dem betreffenden Gefäße mit „Süßrahm"-Margarine bezeichnet hat, derart, daß das Wort Margarine dem § 2 des oben bezeichneten Gesetzes entsprechend in Buchstaben mit einer Größe von 5 cm und umrahmt aufgedruckt war, während das Wort „Süßrahm" in kleiner, 1 cm hoher Schrift darüber stand.

Das Berufungsgericht ist bei seinem Urteil davon ausgegangen, daß der § 2 des angezogenen Gesetzes, wie aus Wortlaut, Zweck und Geschichte des Gesetzes hervorgehe, jede nähere Qualitätsbezeichnung der Margarine auf den Umhüllungen und Gefäßen als unzulässig ausschließe.

Gegen das Urteil vom 10. September 1902 hat der Angeklagte frist- und formgerecht Revision eingelegt; er rügt die Auffassung des Vorderrichters, wonach § 2 des Gesetzes jede nähere Qualitätsbezeichnung ausschließe. Der Revision war der Erfolg nicht zu versagen. — Nach § 3 des Gesetzes ist ausdrücklich bei der Herstellung von Margarine die Verwendung von Süßrahm bis zu höchstens 10 Gewichtsteilen gestattet. Ist derartige Margarine unter Verwendung von Süßrahm gemäß § 3 des Gesetzes aber zum Verkauf hergestellt worden, so kann dem Fabrikanten und Verkäufer nicht versagt werden, diese durch den Zusatz von „Süßrahm" ihrer Qualität nach bessere Margarine auch als solche zu kennzeichnen; dies geschieht durch die Bezeichnung „Süßrahm-Margarine". Hätte es in der Absicht des Gesetzgebers gelegen, eine derartige Zusatz-Bezeichnung zu verbieten, so hätte dies auch in § 2 des Gesetzes in klarer Weise zum Ausdruck kommen müssen. Der genannte Paragraph bestimmt dagegen nur, daß die Gefäße, in denen Margarine feilgeboten wird, an in die Augen fallender Stelle die deutliche, nicht verwischbare Inschrift „Margarine", „Margarine-Käse", „Kunstspeisefett" tragen müssen; aus dem Wortlaut des Gesetzes geht aber in keiner Weise hervor, daß vorgenannte Bezeichnungen das Maximum desjenigen sein sollen, was auf den Gefäßen angebracht werden darf. Es läßt sich aber auch aus der Geschichte und dem Zwecke des Gesetzes nicht entnehmen, daß der Gesetzgeber mit seinen Bestimmungen eine derart weitgehende Beschränkung gemeint haben sollte.

Allerdings ist das Margarinegesetz gegeben worden, um die Landwirtschaft und das Publikum gegen Täuschungen zu schützen, welche darauf berechnet sind, Verwechselungen mit der Naturbutter hervorzurufen. Diesen Zweck hat aber der Gesetzgeber schon dadurch zu erreichen geglaubt und auch erreicht, daß die Bezeichnung „Margarine" etc. an in die Augen fallender Stelle angebracht und die Aufschrift in bestimmter Größe ausgeführt sein muß. Ist dieses erfolgt, so ersieht das Publikum daraus in jedem Falle, daß es sich hier um Margarine und nicht um Naturbutter handelt. Der Zweck des Gesetzgebers wird aber auch dann erreicht, wenn zu dem Wort „Margarine" wahrheitsgemäße Zusätze gemacht werden, welche den Charakter des Produktes der Margarine nicht verschleiern, sondern sich lediglich auf die Qualität derselben beziehen, selbst dann, wenn diese Qualitätsbezeichnung auch auf die Naturbutter Anwendung findet.

Aus der tatsächlich vorschriftsmäßigen Aufschrift Margarine geht zur Genüge hervor, daß das verkaufte Produkt nicht Naturbutter, sondern eben nur ein Kunstprodukt ist, allerdings ein solches besserer Qualität, wenn der Zusatz von „Süßrahm" gemacht worden ist.

Etwas anderes wäre es allerdings, wenn eine zusätzliche Bezeichnung derart erfolgt wäre, daß hierdurch die Deutlichkeit der nach dem Gesetze vorgeschriebenen Aufschrift beeinträchtigt würde; denn in diesem Falle wäre dem § 2 des Gesetzes deshalb zuwider gehandelt, weil das Erfordernis der deutlichen Aufschrift nicht erfüllt wäre.

Hiernach war das vorderrichterliche Urteil aufzuheben, und der Angeklagte gemäß § 394 der Strafprozeßordnung freizusprechen.

Breslau, den 6. November 1902.

Unterschriften.

Schweineschmalz. Im ganzen wurden während der Berichtsperiode 7 Proben Schweineschmalz eingeliefert, welche sich sämtlich als unverfälscht und auch sonst als normal erwiesen.

Das Kapitel Schweineschmalz wird von jetzt ab aus der öffentlichen Nahrungsmittel-Kontrolle voraussichtlich überhaupt ausscheiden. — Da die Fälschungen des Schweineschmalzes so gut wie ausschließlich mit Auslands-Schmalz vorgenommen wurden, und dieses seit Inkrafttreten der Zusatzbestimmungen zum Fleischbeschaugesetz schon bei der Einfuhr in das Zollgebiet regelmäßig untersucht wird, so dürften sich die Verhältnisse ähnlich gestalten wie bei dem Petroleum, d. h. verfälschtes Schweineschmalz dürfte schließlich in den Inlands-Verkehr überhaupt nicht mehr gelangen.

U. A. 2457/02. **Kunstspeisefett.** Ein unter diesem Namen verkauftes Fett gab folgende Werte: Jodzahl 78,46, Refraktion bei 25^0 C. = 61,8. Die Bechi'sche Reaktion trat ein. — Hiernach war das Fett eine Baumwollsamenöl enthaltende Mischung. Gegen den Verkauf derselben als „Kunstspeisefett" ließ sich zwar an sich nichts einwenden, im vorliegenden Falle aber mußte Beanstandung eintreten, weil die Umhüllung die Bezeichnung „Kunstspeisefett" nicht enthielt.

Wein.

Die Anzahl der während der Berichtsperiode eingelieferten Weinproben war eine sehr geringe. Es wurden im ganzen nicht mehr als 10 Proben untersucht und unter diesen befand sich auch nicht eine Probe einheimischen Weines.

Diese Tatsache hängt augenscheinlich zusammen mit dem inzwischen in Kraft getretenen neuen Weingesetz vom 24. Mai 1901. Während des Jahres 1901/02 waren die vorhandenen Weinläger revidiert und von analytisch nicht ganz festen Sorten befreit worden, und seit dem Herbst 1901 hat sich auch die **Weinproduktion** auf das neue Gesetz wieder eingerichtet.

Außerdem kam noch folgendes hinzu: Es war von dem neuen Gesetze die Ausübung einer umfangreichen Kontrolle der Betriebe, welche sich mit dem Herstellen und in den Verkehrbringen von Wein etc. beschäftigen, vorgeschrieben worden. Die nächste Folge davon war, daß wenigstens die hiesigen Aufsichtsbehörden die Weinfrage so lange ruhen ließen, als nicht alle Vorfragen geklärt waren, welche mit dieser Betriebs-Kontrolle zusammenhingen.

In 100 ccm	U. A. 752/02 Ober-Ungar	U. A. 944/02 Städtische Armendirektion Ober-Ungar	U. A. 2275/02 Privat Ober-Ungar
Spezifisches Gewicht bei 15^0	0,9885	0,9892	0,9909
Alkohol	12,93 g	12,52 g	12,40 g
Extrakt	2,131 =	2,139 =	2,37 =
Mineralbestandteile	0,214 =	0,252 =	0,307 =
Phosphorsäure	0,016 =	0,026 =	0,026 =
Glyzerin	0,817 =	0,794 =	0,788 =
Schwefelsäure	—	0,062 =	0,085 =
Kaliumsulfat	—	0,134 =	0,185 =
Alkohol : Glyzerin	100 : 6,3	100 : 6,34	100 : 6,35

Diese Klärung der Verhältnisse hat nun ziemlich lange auf sich warten lassen, und das hatte wiederum zur Folge, daß sich der Weinhandel einer gewissen Schonzeit erfreute, aus welcher er demnächst allerdings in ziemlich unsanfter Weise geweckt werden dürfte.

Wie man aus den vorstehenden wenigen Analysen ersieht, lassen sich auf die völlig vergohrenen Ungarweine die Grundsätze, welche auch für unsere heimischen Weine gelten, ohne weiteres übertragen.

Dagegen beginnen die Schwierigkeiten sofort, sobald es sich um die Beurteilung der konzentrierten Ungarweine und der südlichen, sog. Likörweine handelt. Wir werden hierfür im nachstehenden zwei Belege geben.

In 100 ccm	U. A. 1790/02 Privater. Süsser Ungar	U. A. 1790/02 Ruster Ausbruch	U. A. 1790/02 Privater. Mediz. Ungar	U. A. 2443/02 Armendirektion. Mildherber Ungarwein	U. A. 2439/02 Kriminal-Polizei. Portwein	U. A. 2438/02 Krimin.-Polizei. Fein gezuckerter Ungarwein-Verschnitt.
Spez. Gewicht bei 15° C.	1,0777	1,0778	1,0764	1,0138	1,0271	1,0984
Alkohol	11,70 g	9,85 g	10,604 g	10,89 g	14,79 g	12,11 g
Extrakt	25,06 =	24,43 =	24,32 =	8,09 =	12,84 =	30,65 =
Zucker direkt	20,62 =	20,23 =	20,60 =	5,31 =	9,69 =	22,63 =
Zucker nach der Inversion	20,74 =	20,04 =	20,61 =	5,28 =	10,31 = [*]	28,48 = [**]
Glyzerin	0,641 =	0,705 =	0,739 =	0,874 =	0,64 =	0,35 =
Mineralbestandteile	0,489 =	0,507 =	0,486 =	0,254 =	0,24 =	0,124 =
Phosphorsäure	0,063 =	0,065 =	0,071 =	0,033 =	0,025	0,027 =
Schwefelsäure	0,057 =	0,057 =	0,060 =	0,062 =	—	—
entspr. Kaliumsulfat	0,123 =	0,126 =	0,131 =	0,135 =	—	—
Alkohol : Glyzerin	100:5,5	100:7,15	100:7,0	100:8,0	100:4,3	100:2,9

Von diesen Weinen boten besonderes Interesse der unter 2439/02 aufgeführte Portwein und der unter 2438/02 aufgeführte „fein gezuckerte Ungarwein-Verschnitt". — Beide waren von einem hiesigen Weinhändler in eine Auktion gegeben worden. Wir erklärten den hier zuletzt aufgeführten Ungarwein als verfälscht und nachgemacht.

Über die Herstellung konnte ein Zweifel nicht obwalten. Der „Wein" war hergestellt worden durch Versetzen eines dünnen Landweines mit Zuckersirup und Spiritus. Das gab der Angeklagte in dem später folgenden Strafverfahren ohne weiteres zu. Fraglich erschien es nur, ob diese Manipulation durch die Bezeichnung „Fein gezuckerter Ungarwein-Verschnitt" hinreichend gekennzeichnet sei. Wir verneinten diese Frage. Durch die Bezeichnung „Verschnitt" ist jedenfalls der erhebliche Alkohol-Zusatz nicht gekennzeichnet, und der Zusatz von Zucker ist so beträchtlich, daß ein solches Getränk in Ungarn als Kunstwein erklärt und demgemäß nicht in den Verkehr zugelassen werden würde.

Das Gericht schloß sich diesen Ausführungen an und belegte den Weinhändler mit einer übrigens mäßigen Geldstrafe.

U. A. 2412/02. Nektar. Von einer Behörde wurde uns ein schwach schäumendes, (kohlensäurehaltiges) Getränk übergeben zur gutachtlichen Äußerung, ob dieses Getränk als „Wein" aufzufassen sei.

Das Getränk war also kohlensäurehaltig, schmeckte süß und hatte zugleich den Geschmack eines Fruchtsaftes, der erhitzt worden ist.

---

[*] Rohrzucker 0,59. [**] Rohrzucker 5,80.

Die analytischen Daten waren folgende:

In 100 ccm: Extrakt 14,87 g, Alkohol 0,46 g, Mineralstoffe 0,29 g

Wir erklärten, dieses Getränk sei nicht als Wein aufzufassen. Es sei vielmehr augenscheinlich ein mit Kohlensäure schwach imprägnierter, ferner pasteurisierter oder sterilisierter Fruchtsaft. Die kleine Menge Alkohol von 0,5 Prozent sei wahrscheinlich durch unbeabsichtigte Gärung in dem Produkt während seiner Bereitung entstanden, könne dem Getränk aber nicht den Charakter eines Weines verleihen.

Leuchtgas, Gaswasser, Gasreinigungsmasse.

Leuchtgas. Das Leuchtgas wurde während der Berichtsperiode an 216 Arbeitstagen wie bisher auf Druck in der Leitung, bezw. vor dem Brenner, auf Lichtstärke und Kohlensäuregehalt fortlaufend untersucht.

Störungen waren während der Berichtszeit nicht zu verzeichnen, vielmehr bewegte sich die Leuchtkraft durchweg oberhalb dem vertraglich festgesetzten Minimum von 16 Hefnerkerzen. Auch der Kohlensäuregehalt hielt sich innerhalb zulässiger Grenzen.

Die erhaltenen Resultate waren im einzelnen folgende:

		Druck des Gases in der Leitung mm	Lichtstärke des Gases in Kerzen	Gehalt d. Gases an Kohlensäure in Vol.-Proz.			Druck des Gases in der Leitung mm	Lichtstärke des Gases in Kerzen	Gehalt d. Gases an Kohlensäure in Vol.-Proz.
April 1902	Maximum	66	18,7	2,4	September 1902	Maximum	64	19,4	2,7
	Minimum	37	18,0	1,6		Minimum	38	16,8	2,3
	Mittel	52	18,4	2,1		Mittel	46	18,6	2,5
Mai =	Maximum	68	19,2	2,6	Oktober 1902	Maximum	50	18,9	2,5
	Minimum	36	18,0	1,8		Minimum	36	16,3	2,2
	Mittel	54	18,7	2,4		Mittel	44	17,6	2,4
Juni =	Maximum	67	19,2	2,7	November 1902	Maximum	55	20,0	3,0
	Mininum	34	18,0	2,3		Minimum	40	16,9	2,2
	Mittel	45	18,5	2,5		Mittel	43	18,2	2,4
Juli =	Maximum	61	20,5	3,2	Dezember 1902	Maximum	46	19,2	3,1
	Minimum	38	18,5	2,5		Minimum	27	17,5	2,2
	Mittel	50	19,5	2,9		Mittel	42	18,4	2,4
August =	Maximum	66	19,7	2,8					
	Minimum	36	18,8	2,3					
	Mittel	51	19,3	2,6					

Durchschnitt während der Berichtszeit (1. April bis 31. Dezember 1902).

	Druck des Gases in mm		Lichtstärke des Gases in Kerzen	Kohlensäuregehalt in Vol.-Proz.
	vor dem Brenner	in der Leitung		
Maximum . .	2	68	20,5	3,2
Minimum . .	2	27	16,3	1,6
Mittel . . .	2	47	18,6	2,4

Bestimmung des Heizwertes des Gases. Seit dem 1. April 1902 wurden auf Ersuchen der Verwaltung der städtischen Gaswerke auch an allen Arbeitstagen noch Heizwertbestimmungen des Gases ausgeführt. Maßgebend waren für diese Anordnung die Erwägungen, daß gegenwärtig in den Inkandeszenz-Brennern nicht die Leuchtkraft, sondern vielmehr der Heizwert des Gases ausgenutzt wird, daß ferner der Verbrauch an Heizgas zu Küchenzwecken usw. in den letzten Jahren ganz außerordentlich zugenommen hat infolge der Herabsetzung des Preises für Heizgas. Die Bestimmungen, welche übrigens bis auf weiteres fortgesetzt werden, dürften in Zukunft als Vergleichsmaterial Wert erhalten, wenn, wie es voraussichtlich in absehbarer Zeit der Fall sein wird, das Wassergas entweder als Zumischung zum Leuchtgase oder als solches in den Konsum unserer Stadt eingeführt werden sollte.

Die Bestimmungen erfolgten unter Benutzung eines Junkersschen Gaskalorimeters. Dieser Apparat ist zwar vielfach beschrieben worden, dagegen sind unseres Wissens größere Zahlenreihen über regelmäßige mit demselben ausgeführte Gasuntersuchungen noch nicht veröffentlicht worden. Wir wollen deshalb in Kürze diejenigen Erfahrungen mitteilen, welche wir bei diesen Untersuchungen gesammelt haben.

Zunächst haben wir die Erfahrung gemacht, daß die mittelst des Kalorimeters erhaltenen Resultate für das Breslauer Gas etwa um 300—400 Kalorien pro Kubikmeter höher sind, als die aus der Absorptionsanalyse berechneten. Wir nehmen an, daß die ersteren Resultate die richtigeren sind.

Wir haben es für notwendig gefunden, täglich das bei der Verbrennung des Gases gebildete Wasser zu bestimmen, da die Zusammensetzung des Gases augenscheinlich stark wechselt. Zur Bestimmung dieses Verbrennungswassers verbrennen wir täglich genau 50 Liter Gas und lassen regelmäßig $1/2$ Stunde nachtropfen. — Die aus 100 Litern Gas gebildete Wassermenge wechselt ziemlich stark, z. B. im November von 80—90 ccm., im Dezember von 75—88 ccm. Zum kalorimetrischen Versuch werden jedesmal 6 Liter Gas (= 2 Umdrehungen auf der Gasuhr) verbrannt. Die Temperaturen des zu- und abfließenden Wassers werden immer dann notiert, wenn der Zeiger der Uhr sich um 90 Grad gedreht hat, so daß also bei jedem Versuche stets 9 Ablesungen gemacht werden. Zum Auffangen des erwärmten Wassers bedienen wir uns einer gewöhnlichen starken Standflasche und messen nach Beendigung des Versuches das abfließende, erwärmte Wasser mittels eines Meßzylinders. Um Anfang und Ende des Versuches genau einhalten zu können, haben wir in den Apparat einen Dreiwegehahn eingesetzt. Durch diesen läuft das erwärmte Wasser zunächst nach einem Wasserablaufbecken; sobald der Zeiger der Gasuhr auf 0 steht, wird der Dreiwegehahn so eingeschaltet, daß das erwärmte Wasser nach der Auffangeflasche abläuft. Sobald 6 Liter Gas verbrannt sind, wird das erwärmte Wasser durch eine weitere Umschaltung des Hahnes wieder dem Wasserablaufbecken zugeführt. Wir erreichen so bei der erforderlichen Sorgfalt bei zwei aufeinanderfolgenden Versuchen eine Übereinstimmung bis auf einzelne Kalorien. In der Regel weichen die Bestimmungen nicht um mehr als 10—20 Kalorien von einander ab.

Aus unseren Zahlen geht hervor, daß der Heizwert des Gases stark wechselt, zum Teil ist dies ganz bestimmt darauf zurückzuführen, daß die Zusammensetzung des Gases ebenfalls stark wechselt, es wäre sonst nicht erklärlich, warum die Menge des Verbrennungswassers unter sonst gleichen Bedingungen so starke Schwankungen zeigt, daß ferner im gleichen Monate Differenzen im Heizwert von 5—12 Prozent sich zeigen.

Außerdem aber ist ein Teil der Abweichungen sicher darauf zurückzuführen, daß bei diesen Versuchen bisher auf die Temperatur des Gases Rücksicht nicht genommen wurde. Hierauf führen wir es zurück, daß die Mittelzahlen des Heizwertes vom April bis Juli dauernd fallen und alsdann bis Dezember wieder ansteigen.

Wenn also das Gaskalorimeter in der Praxis sich einbürgern soll, und wenn es nicht nur relativ sondern auch absolut vergleichbare Werte geben soll, so wird man auf die Temperatur des im Versuch verbrannten Gases Rücksicht zu nehmen haben und die Versuche entweder bei stets gleichbleibender Temperatur auszuführen oder die Resultate auf 0° C. umzurechnen haben.

Bestimmung des Heizwertes des Gases.

		Oberer Heizwert Kalorien	Unterer Heizwert Kalorien			Oberer Heizwert Kalorien	Unterer Heizwert Kalorien
April 1902	Maximum	5400	4950	September 1902	Maximum	5375	4891
	Minimum	4979	4548		Minimum	5020	4642
	Mittel	5240	4752		Mittel	5214	4748
Mai =	Maximum	5247	4737	Oktober =	Maximum	5560	5050
	Minimum	5026	4532		Minimum	4801	4393
	Mittel	5129	4619		Mittel	5330	4850
Juni =	Maximum	5227	4719	November =	Maximum	5655	5157
	Minimum	4745	4276		Minimum	5320	4820
	Mittel	5084	4584		Mittel	5458	4958
Juli =	Maximum	5606	5047	Dezember =	Maximum	5884	5365
	Minimum	4913	4475		Minimum	5211	4725
	Mittel	5069	4600		Mittel	5495	5000
August =	Maximum	5583	5091				
	Minimum	5152	4716				
	Mittel	5300	4850				

Gaswasser: 27 Proben Ammoniakwasser, von den städtischen Gaswerken eingeliefert, enthielten folgende Prozent-Mengen Ammoniak, durch Destillation mit frisch geglühter Magnesia austreibbar. Die Zahlen sind nach den Gasanstalten und nach den Monaten geordnet.

I			II			III		
1,55	1,72	1,81	1,41	1,61	1,36	1,54	1,41	1,77
1,79	1,73	1,60	1,20	1,46	1,51	1,16	1,24	1,94
1,60	1,72	2,08	1,47	1,58	2,00	1,96	1,81	1,62

Gasreinigungsmasse. Es wurden insgesamt 7 Proben frischer Gasreinigungsmasse eingeliefert. Gefordert war die Bestimmung des Eisenoxyds und die Absorptionsfähigkeit für Schwefelwasserstoff **a** direkt, **b** nach der ersten Regeneration und **c** nach der zweiten Regeneration.

Gehalt an Eisenoxyd in Prozenten		100 g der Masse absorbierten Schwefelwasserstoff g	Gehalt an Eisenoxyd in Prozenten		100 g der Masse absorbierten Schwefelwasserstoff g
gewichts-analytisch	maß-analytisch		gewichts-analytisch	maß-analytisch	
1. 25,0 / 25,2	24,01	a) 17,0 b) 15,0 c) 15,0	5. 36,7	37,1 / 37,3	a) 19,0 b) 19,0 c) 17,0
2. 51,10	50,9 / 50,9	a) 25,0 b) 25,0 c) 28,0	6. 65,6	—	a) 27,0 b) 25,0 c) 21,0
3. 55,7	—	a) 27,0 b) 27,0 c) 26,0	7. 58,9	57,2 / 57,3	a) 28,5 b) 26,0 c) 26,0
4. 38,2	—	a) 16,0 b) 16,0 c) 16,0			

Wasser.

Auch während der Berichtszeit war die Stadt Breslau bezüglich ihrer Wasserversorgung auf das filtrierte Oderwasser angewiesen. — Die von uns ausgeführte analytische Kontrolle beschränkte sich wie in den Vorjahren auf die Untersuchung des Leitungswassers zu Anfang eines jeden Vierteljahres. Diese Analysen haben zu folgendem Ergebnis geführt:

In 1 Liter Wasser waren enthalten gr	1. April 1902	1. Juli 1902	1. Oktbr. 1902
Gelöste Stoffe, davon	0,1340	0,1336	0,2464
Glühverlust	0,0214	0,0112	0,0528
Glührückstand	0,1126	0,1224	0,1936
Chlor	0,0181	0,0148	0,0418
Kieselsäure SiO_2	0,0075	0,0106	0,0053
Schwefelsäure SO_3	0,0178	0,0198	0,0227
Calciumoxyd CaO	0,0325	0,0473	0,0558
Magnesiumoxyd MgO	0,0065	0,0082	0,0122
Eisenoxyd und Tonerde	0,0010	0,0057	0,0062
Gesamt-Härte	4,8°	6,0°	6,2°
Verbrauch an Kaliumpermanganat	0,0150	0,0186	0,0292

Wie sich aus dem Verbrauche von Kaliumpermanganat ergibt, wechselt die Beschaffenheit unseres gegenwärtigen Leitungswassers stark. Namentlich während der kalten Jahreszeit (vergl. die obige Analyse aus dem Oktober) steigt der Kaliumpermanganatverbrauch so stark, daß er für ein Trinkwasser als unzulässig bezeichnet werden müßte. Glücklicherweise — und dies dürfte auf die sorgfältige Filtration in unserem Wasserwerke zurückzuführen sein — ist Breslau seit absehbarer Zeit von Epidemien verschont geblieben, die man hätte auf das Leitungswasser zurückführen müssen. Trotzdem verschließt sich wohl niemand der Überzeugung, daß die gegenwärtige Wasserversorgung ihre bedenklichen Schattenseiten hat, vielmehr ersehnt jedermann den Zeitpunkt, an welchem die neue Grundwasserversorgung in Tätigkeit treten wird.

An dieser wird zurzeit mit allen Kräften gearbeitet. Auf dem Wasserentnahmegebiet ist sozusagen eine kleine Stadt entstanden. Alle Arbeiten sind so weit gefördert worden, daß die Eröffnung der neuen Grundwasserleitung voraussichtlich zu Oktober 1904 zu erwarten ist.

Sobald die neue Einrichtung funktionieren wird, wird Breslau nicht nur ein einwandsfreies, sondern auch ein wohlschmeckendes Wasser in seinen Mauern einführen. Da das neue Leitungswasser dem Erdboden mit ca. 9° C. entnommen wird, so dürfte es in Breslau eine Temperatur von 10—11° C. haben und damit ist alsdann den Einwohnern auch während der warmen Jahreszeit ein erfrischendes Trinkwasser gewährleistet, ein Genuß, welchen die Breslauer seit etwa 40 Jahren entbehren mußten.

Kanalwässer.

Die regelmäßigen Untersuchungen der Kanalwässer, bezw. der Rieselwässer, erstreckten sich auch wie im Vorjahre auf das Kanalwasser der Kanalpumpstation, ferner auf die gerieselten Wässer der Rieselgüter Oswitz, Ransern und Weidenhof. Es gingen demnach während der Berichtszeit 36 Proben ein.

Die Aptierung und „Einarbeitung" der neuen Weidenhofer Rieselflächen ist inzwischen soweit fortgeschritten, daß die in Weidenhof gerieselten Wässer jetzt etwa von der gleichen Beschaffenheit sind wie die Rieselwässer von Oswitz und Ransern, d. h. die Rieselung funktioniert während der warmen Jahreszeit in zufriedenstellender Weise, dagegen läßt sie zu wünschen während der kalten Jahreszeit, und außerdem auch dann, wenn sie durch meteorische Einflüsse gestört wird.

Der in unserem vorigen Berichte erwähnte Versuch, die Abwässer unserer Stadt in rationeller Weise dadurch zu beseitigen und zugleich zu verwerten, daß man sie der Landwirtschaft zur Verfügung stellt, ist zwar noch nicht zur Ausführung gelangt, dagegen sind alle Vorfragen und Vorarbeiten soweit erledigt, daß an der Ausführung dieses Versuches nicht mehr gezweifelt werden kann. Gelingt, wie angenommen werden darf, dieser Versuch, so würden hierdurch die Bahnen, in denen sich die Beseitigung der Abfallstoffe unserer Städte für die nächste Zukunft zu bewegen haben würden, klar vorgezeichnet sein.

Diese Bahnen würden darin bestehen, daß die Abfallstoffe durch radiale Hauptrohre tunlichst weit von den Städten abgeführt und zur Verfügung der Landwirtschaft gestellt werden würden. — Die kommunalen Rieselfelder würden, soweit solche überhaupt vorhanden sind, damit keineswegs überflüssig werden, sondern sie würden beizubehalten sein, und ihre Aufgabe würde darin bestehen, die Kanalwässer dann aufzunehmen, wenn die anliegende Landwirtschaft nicht imstande wäre, sie zu verbrauchen. — Es ist anzunehmen, daß dieses System sich auch in kleinen Gemeinden bewähren wird, soweit seine Annahme nicht durch Terrainschwierigkeiten verhindert wird.

Die Vorteile, welche diese rationelle Verwertung der Abfallstoffe mit sich bringen würde, liegen auf der Hand: Beseitigung der Fäkalien, indem man sie rationell verwertet, Herabsetzung der Einfuhr ausländischer Düngematerialien und damit Erhaltung des Nationalvermögens; schließlich intensivere Bodenkultur, durch welche wiederum die Einfuhr von Nahrungsmitteln aus dem Auslande herabgesetzt wird.

P. St. = Kanalwasser aus dem Sandfang der Haupt-Pumpstation am Zehndelberge. **Entw. Gr. Rans.** = Rieselwasser aus dem Haupt-Entwässerungsgraben oberhalb der Pumpstation Ransern. **Entw. Gr. Osw. Rans** = Rieselwasser aus dem Haupt-Entwässerungsgraben an der Oswitz-Ranserner Grenze.

In 1 Liter Wasser sind enthalten	April 1902 P. St.	Entw. Gr. Rans.	Entw. Gr. Osw. R.	Mai 1902 P. St.	Entw. Gr. Rans.	Entw. Gr. Osw. R.	Juni 1902 P. St.	Entw. Gr. Rans.	Entw. Gr. Osw. R.	Juli 1902 P. St.	Entw. Gr. Rans.	Entw. Gr. Osw. R.	August 1902 P. St.	Entw. Gr. Rans.	Entw. Gr. Osw. R.
Suspendierte Stoffe	0,5880	0,0170	0,0240	0,5456	0,0732	0,0176	0,6136	0,0500	0,0152	0,4400	0,0320	0,0240	0,3664	0,0392	0,0128
Glüh-Verlust	0,4512	—	—	0,4200	—	—	0,3944	—	—	0,3160	—	—	0,2704	—	—
Glüh-Rückstand	0,1368	—	—	0,1256	—	—	0,2192	—	—	0,1240	—	—	0,0960	—	—
Gelöste Stoffe	0,8460	0,6008	0,6260	0,8600	0,5768	0,6204	0,8464	0,6560	0,6576	0,8800	0,5736	0,6440	0,9648	0,6080	0,5704
Glüh-Verlust	0,2720	0,0920	0,1040	0,2600	0,0872	0,0740	0,2700	0,1248	0,0732	0,2800	0,1168	0,1480	0,3232	0,0744	0,0144
Glüh-Rückstand	0,5740	0,5088	0,5220	0,6000	0,4896	0,5464	0,5764	0,5312	0,5844	0,6080	0,4568	0,4960	0,6416	0,5336	0,5560
Chlor	0,1523	0,1185	0,1325	0,1558	0,1315	0,1297	0,1813	0,1311	0,1435	0,1735	0,1246	0,1396	0,1757	0,1185	0,1224
Kieselsäure SiO_2	0,0130	0,0120	0,0125	0,0286	0,0136	0,0138	0,0137	0,0174	0,0128	0,0170	0,0024	0,0118	0,0153	0,0136	0,0128
Schwefelsäure SO_3	0,0759	0,1132	0,0844	0,1022	0,0681	0,1180	0,0537	0,0891	0,1048	0,0727	0,0974	0,0809	0,0377	0,0922	0,0809
Salpetersäure N_2O_5	fehlt	0,0023	0,0021	fehlt	Spur	wenig	fehlt	Spur	0,0450	fehlt	Spur	0,0389	fehlt	Spuren	Spur
Phosphorsäure P_2O_5	0,0177	—	—	0,0197	—	—	0,0293	—	—	0,0337	—	—	0,0242	—	—
Ammoniak NH_3	0,0245	0,0064	0,0123	0,0800	0,0077	0,0049	0,1076	0,0095	0,0042	0,1384	0,0092	0,0042	0,0897	0,0020	0,0045
Gesamt-Stickstoff	0,0297	0,0063	0,0132	0,0773	0,0089	0,0054	0,0963	0,0123	0,0052	0,1326	0,0107	0,0045	0,0783	0,0018	0,0044
Calciumoxyd CaO	0,0686	0,1025	0,0925	0,0706	0,1128	0,1034	0,0680	0,1070	0,1070	0,0826	0,0965	0,1050	0,0766	0,1070	0,0912
Magnesiumoxyd MgO	0,0198	0,0176	0,0170	0,0192	0,0217	0,0228	0,0207	0,0246	0,0247	0,0192	0,0215	0,0241	0,0239	0,0212	0,0275
Eisenoxyd + Tonerde	0,0034	0,0080	0,0075	0,0112	0,0047	0,0040	0,0110	0,0061	0,0068	0,0145	0,0072	0,0050	0,0080	0,0074	0,0024
Gesamt-Härte	9,42°	10,7°	12,8°	10,0°	12,6°	10,6°	9,0°	10,20°	13,4°	9,0°	11,2°	11,1°	10,8°	13,0°	10,4°
Bleibende Härte	8,52°	5,6°	7,0°	8,0°	5,4°	5,0°	4,5°	7,20°	8,5°	3,7°	5,6°	6,6°	6,5°	5,3°	4,5°
$KMnO_4$-Verbrauch für 1 Liter	0,2364	0,0445	0,0519	0,2763	0,0387	0,0278	0,2597	0,0211	0,0335	0,2803	0,0399	0,0379	0,2622	0,0279	0,0185

In 1 Liter Wasser sind enthalten	September 1902 P. St.	Entw. Gr. Rans.	Entw. Gr. Osw. R.	Oktober 1902 P. St.	Entw. Gr. Rans.	Entw. Gr. Osw. R.	November 1902 P. St.	Entw. Gr. Rans.	Entw. Gr. Osw. R.	Dezember 1902 P. St.	Entw. Gr. Rans.	Entw. Gr. Osw. R.
Suspendierte Stoffe	0,5360	0,0944	0,0160	0,5512	0,0188	0,0208	0,8120	0,0496	0,0184	0,6228	0,0464	0,0196
Glüh-Verlust	0,4216	—	—	0,4212	—	—	0,6680	—	—	0,5001	—	—
Glüh-Rückstand	0,1144	—	—	0,1300	—	—	0,1440	—	—	0,1227	—	—
Gelöste Stoffe	1,0256	0,5896	0,6168	0,9152	0,6248	0,6336	1,0608	0,5288	0,6428	1,1204	0,6280	0,6224
Glüh-Verlust	0,3344	0,1552	0,0712	0,3248	0,0432	0,0408	0,2720	0,0688	0,0984	0,3596	0,1088	0,0776
Glüh-Rückstand	0,6912	0,4344	0,5456	0,5904	0,5816	0,5923	0,7888	0,4600	0,5444	0,7608	0,5192	0,5448
Chlor	0,1847	0,1193	0,1245	0,1791	0,1273	0,1412	0,2005	0,1283	0,1311	0,1784	0,1305	0,1207
Kieselsäure SiO_2	0,0140	0,0146	0,0130	0,0131	0,0158	0,0166	0,0152	0,0152	0,0115	0,0163	0,0136	0,0128
Schwefelsäure SO_3	0,0521	0,1259	0,0960	0,0405	0,1145	0,0939	0,0557	0,1240	0,1298	0,0620	0,1156	0,1114
Salpetersäure N_2O_5	fehlt	Spur	vorhand.	fehlt	Spuren	Spuren	fehlt	Spuren	Spuren	fehlt	0,0108	0,0048
Phosphorsäure P_2O_5	0,0226	—	—	0,0304	—	—	0,0217	—	—	0,0243	—	—
Ammoniak NH_3	0,0576	0,0069	0,0069	0,1215	0,0078	0,0079	0,0741	0,0098	0,0058	0,0926	0,0077	0,0084
Gesamt-Stickstoff	0,0736	0,0070	0,0075	0,1235	0,0070	0,0074	0,0879	0,0108	0,0086	0,0883	0,0162	0,0089
Calciumoxyd CaO	0,0890	0,0978	0,1045	0,0711	0,0982	0,0996	0,0768	0,1026	0,1496	0,0892	0,1072	0,1067
Magnesiumoxyd MgO	0,0216	0,0219	0,0216	0,0198	0,0224	0,0218	0,0242	0,0182	0,0211	0,0221	0,0247	0,0226
Eisenoxyd + Tonerde	0,0050	0,0020	0,0076	0,0018	0,0038	0,0062	0,0040	0,0018	0,0074	0,0148	0,0090	0,0058
Gesamt-Härte	10,60°	10,57°	11,5°	10,21°	11,8°	12,4°	11,7°	11,2°	12,3°	13,2°	13,0°	12,1°
Bleibende Härte	6,6°	5,67°	6,5°	6,0°	6,2°	7,2°	7,2°	5,4°	6,0°	7,0°	6,4°	8,0°
$KMnO_4$-Verbrauch für 1 Liter	0,2768	0,0246	0,0218	0,3046	0,0268	0,0231	0,2120	0,0291	0,0344	0,2148	0,0465	0,0316

Rieselwasser aus Weidenhof.

In 1 Liter des Wassers sind enthalten	1902								
	April	Mai	Juni	Juli	August	September	Oktober	November	Dezember
Suspendierte Stoffe	0,0648	0,0368	0,0224	0,0328	0,0260	0,0312	0,0296	0,0240	0,0504
Gelöste Stoffe	0,4824	0,4956	0,5624	0,4336	0,5176	0,4352	0,4960	0,5056	0,5456
Glüh-Verlust	0,1274	0,0580	0,0848	0,1020	0,0984	0,0816	0,0656	0,0240	0,1072
Glüh-Rückstand	0,3552	0,4376	0,4776	0,3316	0,4192	0,3536	0,4304	0,4816	0,4384
Chlor Cl	0,1058	0,0948	0,1025	0,1069	0,0922	0,0921	0,1051	0,1198	0,1120
Kieselsäure SiO_2	0,0147	0,0123	0,0134	0,0138	0,0182	0,0118	0,0126	0,0136	0,0060
Schwefelsäure SO_3	0,0805	0,0549	0,0620	0,1276	0,0628	0,0688	0,0687	0,0505	0,0844
Salpetersäure N_2O_5	Spuren	Spuren	Spuren	Spuren	Spuren	Spuren	Spuren	Spuren	Spuren
Ammoniak NH_3	0,0118	0,0106	0,0078	0,0062	0,0077	0,0084	0,0082	0,0077	0,0114
Gesamt-Stickstoff	0,0157	0,0100	0,0136	0,0146	0,0165	0,0158	0,0103	0,0128	0,0169
Calciumoxyd CaO	0,1015	0,1020	0,1043	0,0934	0,0848	0,0923	0,0856	0,1000	0,1050
Magnesiumoxyd MgO	0,0193	0,0192	0,0196	0,0190	0,0152	0,0164	0,0232	0,0198	0,0208
Eisenoxyd + Tonerde	0,0051	0,0062	0,0066	0,0063	0,0062	0,0043	0,0029	0,0032	0,0072
Gesamt-Härte	12,2°	10,6°	11,4°	10,8°	11,5°	11,2°	9,8°	11,20°	11,8°
Bleibende Härte	5,8°	4,3°	6,6°	5,2°	4,75°	5,2°	3,2°	5.64°	5,4°
$KMnO_4$-Verbrauch pro Liter	0,0394	0,0347	0,0358	0,0541	0,0243	0,0283	0,0474	0,0262	0,0515

Toxikologische, bezw. forensische Untersuchungen.

Die Fälle, in denen nach plötzlichen Todesfällen als Todesursache Vergiftung festgestellt wird, und in denen alsdann die Vergiftung auf verbrecherische Handlungen dritter und nicht auf Selbstmord zurückzuführen ist, sind in den 15 Jahren, auf welche der Herausgeber dieser Berichte zurücksieht, doch weniger zahlreich geworden. Diese Wirkung ist herbeigeführt worden in erster Linie offenbar dadurch, daß der Giftbezug durch das neue Giftgesetz ganz entschieden erschwert worden ist. — Da der Giftmörder ein mit ruhiger Überlegung zu Werke gehender Verbrecher ist, mag diese Erschwerung die Ausführung manches Giftmordes inzwischen verhütet haben.

Ein Gift steht gegenwärtig noch jedermann leicht zur Verfügung, das ist der Phosphor in Form von Streichhölzern, und dieses Gift wird denn auch häufig genug benützt von Müttern, die ihre außerehelich geborenen Kinder, von Dienstmädchen, welche die ihnen anvertrauten Pfleglinge beseitigen wollen. Diese Vergiftungen bleiben meist Versuche, weil die in einem solchen Phosphor-Zündholz enthaltene Giftmenge meist überschätzt wird, und weil aus mangelnder Sachkenntnis häufig sogenannte schwedische oder Sicherheitshölzer benutzt werden, welche bekanntlich relativ ungiftig sind.

Aber auch die Zahl der unbeabsichtigten Vergiftungen hat wesentlich abgenommen. Vergiftungen durch chlorsaures Kali, welche früher mit Eintritt kalter Witterung regelmäßig zu verzeichnen waren, haben vollständig aufgehört; offenbar deswegen, weil dieses Salz von den Ärzten nicht mehr so häufig verordnet wird, daher auch bei den Laien seinen Ruf als Heilmittel eingebüßt hat. — Ebenso kommen kaum noch vor Vergiftungen durch Kleesalz, früher das bevorzugte Gift der Dienstmädchen, weil dieses Salz gegenwärtig nur gegen Giftschein abgegeben werden darf. Ebenso ist die Zahl der Karbolsäurevergiftungen fast = Null geworden, da der Konsum des Karbolwassers, welches früher in Massen verabreicht worden war, stark eingeschränkt worden ist. An deren Stelle muß gegenwärtig mit Vergiftungen durch Lysol und ähnlichen Präparaten gerechnet werden. Nicht berührt worden sind durch das neue

Giftgesetz die Vergiftungen durch Natronlauge und durch Mineralsäuren. Indessen erfordern diese nur in Ausnahmefällen die Mitwirkung des toxikologischen Chemikers, weil die Vergifteten vor dem Tode in der Regel so lange ärztlich behandelt worden sind, daß auf einen erfolgreichen Nachweis des Giftes nicht mehr gerechnet werden kann.

Als neuer Giftstoff, mit welchem künftig bei Vergiftungen wird gerechnet werden müssen, ist hinzugetreten das Formalin, welches bekanntlich zu Zwecken der Desinfektion etc. dem Publikum verhältnismäßig leicht zugänglich ist.

U. A. 1084/02. Selbstmord durch Arsenik. Ein Erwachsener hatte Selbstmord durch Arsenik verübt. Der Befund war folgender:

A. In 1470 g Magen und Darm nebst Inhalt = 0,08 g arsenige Säure,
B. In den großen Drüsen des Unterleibes . . deutliche Mengen nicht bestimmt,
C. Aus dem Urin. . . . . deutliche Arsenspiegel.

U. A. 2298/02. Alkoholvergiftung. Ein wohlhabender Stellenbesitzer in der Nähe Breslaus, Gewohnheitstrinker, war plötzlich verstorben. Die besonderen Umstände dieses Falles (Vermögensverhältnisse, Wunden der Leiche) ließen die Schuld eines Dritten nicht als ausgeschlossen erscheinen. Es wurde die Sektion der Leiche und die Untersuchung der Organteile angeordnet. Die letztere ergab die Abwesenheit der bekannteren Gifte, dagegen die Anwesenheit bemerkenswerter Mengen Alkohol. Es wurden gefunden:

A. In 1800 g Magen und Darm . . . = 6,92 g
B. = 1360 g Lungen und Herz . . . = 4,76 g
C. = 1100 g Leber, Milz, Nieren . . = 3,10 g
D. = 1250 g Gehirn . . . . = 4,38 g
E. =   75 ccm Urin . . . . = 0,30 g

Summa: 19,46 g.

Nach diesem Ergebnis der chemischen Untersuchung und der im Vorverfahren gemachten Ermittelungen mußte Vergiftung durch Alkohol angenommen werden; die vorhandenen Wunden hatte sich der in stark angetrunkenem Zustande Heimgekehrte durch Hinfallen auf die Diele zugezogen.

U. A. 2408/02. Alkohol-Vergiftung? Das noch nicht einjährige Kind einer Sachsengängerin war auf der Rückreise nach Polen verstorben. In den Organteilen wurden bestimmbare Mengen von Alkohol nachgewiesen und zwar:

In 98 g Magen + Inhalt . = 0,37 g Alkohol
= 170 g Lungen . . . . . = 0,46 g =
= 176 g Leber . . . . . . = 0,22 g =
= 400 g Gehirn . . . . . = 0,26 g =

Summa: 1,31 g Alkohol.

Ob in diesem Falle eine beabsichtigte Tötung durch Alkohol anzunehmen war, erscheint fraglich mit Rücksicht darauf, daß das Kind von Polen abstammte, die bekanntlich Kindern schon von den ersten Lebenswochen an regelmäßig Alkohol zu reichen pflegen, um sie in guter Laune bezw. in Ruhe zu erhalten.

Wir möchten bei dieser Gelegenheit nochmals darauf aufmerksam machen, daß die medizinischen Sachverständigen bei Vergiftungen ihren Gutachten stets die nackten Zahlen zugrunde legen, welche der chemische Sachverständige ermittelt hat. Das gibt ein vollständig unzulängliches Bild der stattgehabten Giftzufuhr.

Wenn im vorstehenden Falle z. B. aus rund 850 g Organteilen = 1,31 g absoluter Alkohol abgeschieden wurden, so läßt sich doch mit Sicherheit annehmen, daß in der ganzen Kindesleiche, welche vielleicht 6 kg gewogen haben mag, eine 4—5 mal größere Menge Alkohol enthalten gewesen ist. Und wie es hier für den Alkohol näher ausgeführt worden ist, so verhält es sich bei den meisten Vergiftungen. — Diese Überlegung ist namentlich dann zu machen, wenn es sich nicht um Mord sondern um Mordversuch handelt. Der medizinische Sachverständige wird alsdann ganz besonders alle Möglichkeiten der Giftverteilung zu berücksichtigen haben, wenn sein Gutachten ein der Sachlage entsprechendes Bild darstellen soll.

U. A. 1213/02. **Zwei Arsenvergiftungen.** Dieselben stehen im Zusammenhange mit dem in unserem vorigen Berichte S. 51 mitgeteilten Falle U. A. 477/02.

Ein bei einer hiesigen Behörde angestellter Unterbeamter lebte mit seiner aus Frau, zwei Töchtern und einem Sohne bestehenden Familie in geordneten Verhältnissen.

Im Oktober 1901 erkrankte der etwa zwanzigjährige Sohn kurz nach dem Frühstück, das er in Gemeinschaft mit dem Vater eingenommen hatte, an Magen- und Darmerscheinungen. Der Zustand besserte sich unter ärztlicher Behandlung. Nach Verlauf von je 3—4 Tagen traten noch zweimal ähnliche Erscheinungen auf; nach dem dritten Anfall starb der Kranke ziemlich plötzlich. Der Tod erschien nicht ganz unverdächtig, indes man dachte an eine Vergiftung durch zersetztes Fleisch und dergl.

Im November 1901 erkrankte darauf die Ehefrau; die Diagnose lautete auf Nierenentzündung mit Uraemie. Erbrechen war vorhanden, ob auch Durchfall, ist nicht festgestellt worden. Die Frau starb nach dreitägigem Kranksein. Sie war von einem anderen Arzte behandelt worden als der Sohn. Da die Frau in letzter Zeit überhaupt kränklich gewesen war, so erregte ihr Tod zunächst keinen Verdacht.

Im September 1901 war die jüngste, 12 jährige Tochter erkrankt, sie genas aber wieder. Der Arzt hatte damals nicht den Eindruck, daß es sich um eine Vergiftung gehandelt habe. — Am 10. März 1902 erkrankte diese Tochter wiederum unter Erbrechen und Durchfall, Leberschwellung und starb nach 5 tägiger Krankheit. Nunmehr stiegen dem Arzt Bedenken auf. Jeder der Verstorbenen war unter ähnlichen Erscheinungen erkrankt, jeder war von einem anderen Arzte behandelt worden.

Die Leiche wurde seziert. Schon nach dem Sektionsbefunde war Arsenikvergiftung anzunehmen, die chemische Untersuchung führte zu dem l. c. wiedergegebenen Resultat.

Die gerichtliche Untersuchung führte zunächst zu keinem Anhalt über die Täterschaft. Bei einer sorgfältigen Haussuchung, bei welcher der Verfasser dieses Berichtes als Sachverständiger zugezogen worden war, wurde nichts von Arsenik oder sonstigem Gift gefunden.

Schließlich wurde zur Exhumierung der Leichen von Mutter und Sohn geschritten. Die Untersuchung derselben ergab, daß auch Sohn und Mutter an Arsenikvergiftung zugrunde gegangen waren und zwar ist dem Sohne wahrscheinlich in Zwischenräumen von je mehreren Tagen **dreimal** das Gift beigebracht worden.

Es wurden gefunden:

I. In den Organteilen des Sohnes.

A. Aus 755 g Magen und Darm . . = 0,165 g arsenige Säure As_2O_3
B. " 1330 g Herz, Herzblut, Lunge = 0,008 g " " "
C. " 1270 g Leber, Nieren, Milz . = 0,06 g " " "

Im Gehirn wurden deutliche Spuren, in den Kopfhaaren Spuren von Arsen nachgewiesen.

II. In den Organteilen der Ehefrau.

A. In 140 g Magen nebst Inhalt . . . . deutliche Arsenspiegel,
B. " 1460 g Herz, Herzblut und Lungen . desgl.
C. " 1600 g Milz, Leber, Nieren . . . . 0,044 g arsenige Säure,
D. " 900 g Dünn- und Dickdarm . . . 0,016 g " "

Als der mutmaßliche Täter wurde der Ehemann in Haft genommen. Er behauptete zunächst, niemals im Besitze von Arsenik gewesen zu sein. Als ihm aber durch Zeugen nachgewiesen wurde, daß er im Jahre 1901 Arsenik angeblich zum Vertilgen von Ratten sich habe verschreiben lassen, entzog er sich in der darauffolgenden Nacht der irdischen Strafe, indem er sich in seiner Zelle erhängte.

U. A. 657/02. Selbstmord durch Arsenik. Ein Handlungsgehilfe hatte Selbstmord verübt. Schon nach dem Sektionsbefunde war es wahrscheinlich, daß der Tod durch Arsenik herbeigeführt worden war. Die chemische Untersuchung bestätigte diesen Befund.

Es wurden erhalten:

A. Aus 2000 g Magen, Speiseröhre, Dünndarm, Dickdarm = 3,97 g arsenige Säure As_2O_3,
B. " 1990 g Milz, Nieren, Leber . . . . = 0,28 g " " "
C. " 1460 g Herz, Lunge und Herzblut . . . . = deutliche Arsenspiegel.

U. A. 1887/02. Vergiftung durch Chile-Salpeter. Wir haben wiederholt schon Mitteilungen gemacht darüber, daß auf dem Lande der Chile-Salpeter ein beliebtes Mittel ist, um Tiere in böswilliger Absicht zu töten. — Auch während der Berichtszeit wurde von uns in dem Panseninhalt eines verendeten Rindes wiederum Chile-Salpeter in größerer Menge aufgefunden und damit der Beweis erbracht, daß das Tier durch dieses Salz getötet worden war.

Da diese Verhältnisse weder den landwirtschaftlichen Kreisen noch auch den Veterinärärzten hinreichend bekannt zu sein scheinen, so weisen wir nochmals darauf hin und empfehlen, den Chile-Salpeter in sorgfältiger Verwahrung zu halten. Für die Veterinärärzte sei noch bemerkt, daß die Salpeter-Vergiftung sich bei der Sektion durch die vorhandene Blutzersetzung zu erkennen gibt, d. h. daß das Blut (infolge Bildung von Methaemoglobin) chokoladenfarbig ist.

U. A. 799/02. Hunde-Kadaver. In einer Provinzialstadt waren am gleichen Tage mehrere große Hunde zu gleicher Zeit rasch verendet. Auffällig war dabei der Umstand, daß von allen Besitzern angegeben wurde, der Tod sei auffallend schnell erfolgt. Der eine Hund war von seinem Herrn, einem Amtsrichter, in ein Gartenlokal mitgenommen worden und dort vor den Augen des letzteren plötzlich verendet, ohne daß eigentlich ungewöhnliche Erscheinungen vorausgegangen waren.

Übersendet wurden die Inhalte der Magen von drei Hunden. Es wurde festgestellt, daß sämtliche drei Hunde durch eine Mischung von Brucin + Strychnin zugrunde gegangen waren, welche, nach der intensiv roten Färbung der Mageninhalte zu schließen, zur Kennzeichnung mit einem roten Teerfarbstoff vermischt gewesen waren.

Es wurden folgende Mengen des Alkaloidgemisches aus den einzelnen Mageninhalten abgeschieden.

I	II	III
0,105 g	0,354 g	0,154 g

Als Täter wurde ein hausierender Handelsmann ermittelt.

U. A. 1189/03. Raubfischerei. Von einem Gensdarmen wurden drei Männer beim unberechtigten Fischen abgefaßt und verhaftet. Bei ihrer Wegführung warf der eine von ihnen eine Masse weg, welche uns übersendet wurde zur Untersuchung darauf, ob sie ein „Fischbetäubungsmittel" darstelle.

Die Masse war ein bräunlicher Kuchen von etwa 30 g Gewicht. Er enthielt neben Weizenstärke Teile einer Frucht, welche nach ihren morphologischen Elementen als Kokkelskörner identifiziert wurde. Die Masse war demnach hergestellt worden, indem zerstoßene Kokkelskörner mit Weizenmehl und Wasser zu einer Paste angerührt worden waren. — Es wurde nunmehr der Versuch gemacht, das sog. Pikrotoxin aus der Paste zu gewinnen: 10 g der Paste wurden mit Alkohol ausgezogen. Der Auszug wurde verdunstet und der Rückstand viermal mit Wasser ausgekocht. Die wässerigen Auszüge wurden mit Bleiacetat gefällt nnd das mit Schwefelwasserstoff entbleite Filtrat eingedampft. Es wurde eine nicht unerhebliche Menge weißer Kristalle erhalten, welche stark bitter schmeckten und die chemische Reaktion des sog. Pikrotoxins gaben. Der Froschversuch bestätigte, daß die abgeschiedene Substanz ein intensives Krampfgift und zwar das sog. Pikrotoxin war.

U. A. 1312/02. Reste einer Arznei. In einer Todesermittlungssache war es von Erheblichkeit festzustellen, ob eine von der Verstorbenen gebrauchte Arznei dem Rezept entsprach, welches auf „Tinktura Opii simplex 10 g" lautete. Indessen war dem expedierenden Gerichtsdiener das Arzneifläschchen entfallen; wir erhielten nur noch die Scherben nebst der Anbindesignatur, welche augenscheinlich mit der betr. Arznei durchtränkt worden war.

Die Reste (Scherben und Papier) wurden zerkleinert und einem Extraktionsverfahren unterzogen. Es gelang, noch 0,0055 g einer Base abzuscheiden, welche nach ihren Reaktionen als Morphin erkannt wurde. Hieraus und aus der Färbung sowie dem Geruche der Papiersignatur konnte mit ziemlicher Sicherheit gefolgert werden, daß der Inhalt des Fläschchens aus „einfacher Opiumtinktur" bestanden hatte.

U. A. 1504/02. Ätherhaltiger Spiritus. In den polnischsprechenden Teilen der Provinz Schlesien und der Provinz Posen wird einerseits von solchen, welche Enthaltsamkeit von Branntwein gelobt haben, andererseits von solchen, denen der gewöhnliche Trinkbranntwein nicht stark genug ist, eine als „Liquor" bezeichnete Flüssigkeit getrunken, welche ein Gemisch von Äther und Spiritus ist und sehr häufig auch von solchen verkauft wird, die nicht im Besitze der Konzession für den Branntweinausschank sind, weil das Getränk ja eben kein Branntwein sein soll.

In einem Verfahren wegen Schankkontraventionen hatten wir uns gutachtlich darüber zu äußern, welche Zusammensetzung zwei solcher Proben hätten, und ob diese als Branntwein im Sinne des § 33 der Gewerbeordnung zu beurteilen seien.

Zur Feststellung der Zusammensetzung unterwarfen wir die Flüssigkeiten der fraktionierten Destillation, schieden aus den bis 80° übergegangenen Anteilen den Äther durch Zugabe eines gleichen Volumens 50prozentiger Kaliumacetatlösung ab und bestimmten den Alkoholgehalt durch weitere fraktionierte Destillation. Die Proben bestanden aus Mischungen von Äther mit 70—80prozentigem Alkohol und wurden demgemäß als Branntwein erklärt. Wir gehen wohl nicht fehl in der Annahme, daß durch die auf den Äther gelegte hohe Verbrauchsabgabe den geschilderten Mißständen begegnet werden soll.

U. A. 1499/02. Wintersche Gichtkette. Von der Königlichen Staatsanwaltschaft zu Breslau wurde eine „Wintersche Gichtkette" übergeben mit dem Ersuchen um gutachtliche Äußerung, „ob die beifolgende Kette beim Tragen unter der Kleidung einen elektrischen Strom erzeugt und von welcher Stärke?"

Diese Wintersche Gichtkette bestand aus einem kleinen Trockenelement, welches nach der Gebrauchsanweisung auf bloßem Leibe und zwar ohne daß das Element geschlossen ist getragen wird. Die Absicht des Heilkünstlers scheint die zu sein, daß die feuchte menschliche Haut die Schließung des Elementes bilden soll.

Die Gichtkette besteht also aus einem kleinen Trockenelement, welches beim kurzen Schließen eine Stromstärke von 0,3 Ampère bei einer Klemmspannung von 1,5 Volt erzeugte.

Wer daher Anhänger dieses Heilverfahrens ist, kann diesen Heilfaktor wesentlich billiger erwerben und wirkungsvoller gestalten, dadurch, daß er eins der überall käuflichen Trockenelemente, wie sie für Klingelleitungen benutzt werden, auf dem bloßen Leibe trägt.

U. A. 1637/02. Benzinbrand in einer chemischen Wäscherei. In einer hiesigen chemischen Wäscherei war ein Benzinbrand ausgebrochen. In dem eingeleiteten Vorverfahren gab der Arbeiter, welchem Fahrlässigkeit zur Last gelegt wurde, an, er habe sich einer Fahrlässigkeit nicht schuldig gemacht. Das Benzin habe sich entzündet, als er die Kleidungsstücke in demselben bewegte und zwar, ohne daß eine Flamme oder dergl. in erreichbarer Nähe gewesen sei.

Wir äußerten uns hierzu gutachtlich dahin, es könne experimentell bewiesen werden, daß beim Bewegen von Zeugstoffen in Benzin elektrische Erregung stattfinde, und es wäre möglich solche Benzinbrände experimentell hervorzurufen. Es sei andererseits festgestellt worden, daß ein geringer Zusatz benzinlöslicher Seife (Magnesia-Seife) im stande sei, die elektrische Erregbarkeit des Benzins zu beseitigen. Hierauf sei wiederholt von dem Königlichen Polizei-Präsidium öffentlich hingewiesen und es sei von diesem den Besitzern chemischer Wäschereien empfohlen worden, solche Zusätze zum Benzin regelmäßig zu machen. — Das Verfahren dürfte infolgedessen eingestellt worden sein, da uns nichts mehr von dieser Angelegenheit bekannt geworden ist.

Wir teilen diesen Fall mit, um die Kenntnis zu verbreiten von der leichten elektrischen Erregbarkeit des Benzins und des Mittels, die durch elektrische Erregung entstehenden Benzinbrände zu vermeiden.

U. A. 1858/02. Mastpulver. Der in unserem vorigen Berichte mitgeteilten Untersuchung von Dr. Theuers Mastpulver können wir folgenden Fall zur Seite stellen:

In einem Zivilprozeß war uns aufgegeben worden, die Zusammensetzung eines nicht näher benannten Mastpulvers festzustellen. Es wurden gefunden in Prozenten:

Glührückstand 12,14	Phosphorsäure 3,53
Fett 5,96	Calciumoxyd 3,12
Stickstoff 8,39	Natriumchlorid 2,03.

Für die Ermittelung der Zusammensetzung der näheren Bestandteile leistete uns die Chloroform-Absetzprobe gute Dienste. Beim Anschütteln mit Chloroform nämlich trennte sich die Mischung in zwei Schichten, die quantitativ geschieden werden konnten. Die Zusammensetzung wurde wie folgt ermittelt:

Viehsalz 2%	Erdnußmehl 31%
Knochenmehl 5%	Fleischmehl 62%

Der Materialwert der Mischung wurde zu etwa 20 ℳ für 100 Kilo berechnet.

Durch die jetzt allenthalben angebotenen Mastpulver wird der leichtgläubigen ländlichen Bevölkerung in recht raffinierter Weise das Geld aus den Taschen gelockt. Strafrechtlich läßt sich dagegen nur in den seltensten Fällen einschreiten, und im Zivilprozesse zieht der Kleinkaufmann oder Landwirt gegenüber dem meist recht gewandten Fabrikanten in der Regel auch den kürzeren. Es wäre daher Aufgabe der landwirtschaftlichen Vereine und ihrer Untersuchungsanstalten, die ländliche Bevölkerung recht eindringlich vor diesen Mastpulvern zu warnen.

Verschiedenes.

U. A. 1399/02. Kautschuk-Analysen. Für die Saugrohrleitungen der neuen Breslauer Grundwasserversorgung werden Dichtungen verwendet, welche aus Kautschukringen bestehen. Das gute Funktionieren der Grundwasserversorgungsanlage hängt im wesentlichen von der Güte und Haltbarkeit des zur Verwendung gelangenden Kautschuks ab. Daher ist ohne Rücksicht auf den Preis das beste Material hierfür gerade gut genug. Mit Rücksicht darauf wurde seitens des Magistrats verfügt, daß die von bewährten Firmen eingereichten Muster einer sorgfältigen Prüfung unterworfen werden sollten. Übrigens war auch das Lieferungsobjekt an sich ein sehr erhebliches; es hatte einen Wert von mehr als 60 000 ℳ.

Seitens der Verwaltung wurden uns 8 Proben übergeben, deren Untersuchung nach den von Henriques (Chem. Zeitung Jahrgang 1892, S. 1595, 1623, 1644, Jahrgang 1893, S. 634, 704, 916 und Jahrgang 1894 S. 411, 412, ferner Zeitschrift für angewandte Chemie 1899 S. 802) gemachten Mitteilungen ausgeführt wurde. Die erhaltenen Resultate waren folgende:

Gefunden wurden in Prozenten:

	I	II	III	IV	V	VI	VII	VIII
Roh-Kautschuk	74,58	88,10	92,39	85,69	87,61	87,67	89,64	89,64
Fettsäuren	16,40	4,28	0,20	4,89	3,05	1,73	1,28	1,34
Asche	0,77	1,00	1,15	1,22	1,18	2,62	1,35	1,12
Schwefel	8,25	6,62	6,20	8,20	8,17	7,98	7,73	7,90

In den hier aufgeführten Teilen Kautschuk sind enthalten Teile:

	I	II	III	IV	V	VI	VII	VIII
In Äther löslich	11,00	17,99	10,60	4,82	4,83	10,88	6,53	9,47
In Äther unlöslich (Reinkautschuk) .	62,50	73,13	80,34	79,34	81,14	75,85	81,77	79,28

Auf Grund des Gehaltes an reinem Kautschuk wurden die Proben VII, V, III, IV, VIII als die besten und unter sich etwa als gleichwertig bezeichnet.

Nach Mitteilung der städtischen Verwaltung entsprach diese Beurteilung ungefähr dem Preise der einzelnen Sorten.

Sparkassen-Bücher. Fälschungen von Sparkassenbüchern kommen ebenso wie anderwärts auch in Breslau vor. Wir wurden von der städtischen Sparkasse um eine gutachtliche Äußerung darüber ersucht, wie diesen Fälschungen tunlichst zu begegnen sei.

Diese Fälschungen werden gewöhnlich so ausgeführt, daß der Fälscher sich zunächst durch eine kleine Einzahlung ein ordnungsmäßiges Sparkassenbuch verschafft. In diesem fälscht er alsdann die eingezahlten Beträge auf eine höhere Summe durch Zuschreiben von Ziffern und Worten, nachdem etwa störende Eintragungen entfernt sind. Dieses Entfernen von Eintragungen kann, da der Fond des Papieres ein kompliziertes Muster in feiner farbiger Schraffierung darstellt, nicht durch Radieren erfolgen, sondern wird durch Behandlung mit Chlor (Eau de Javelle) ausgeführt.

Das gefälschte Buch wird nur ausnahmsweise bei der Sparkasse zur Auszahlung präsentiert — hier würde die Fälschung sogleich entdeckt werden, da die Auszahlungen erst nach Vergleich mit den sog. „fliegenden Kontos" erfolgen — sondern bei einem Pfandleiher versetzt. Die Fälschung kommt erst zu Tage, wenn nach Eintritt des Verfalles das Buch zur Sparkasse behufs Auszahlung gebracht wird.

Die erfolgreiche Anwendung des Chlors zur Entfernung von Schriftzügen wurde ungemein erleichtert dadurch, daß die Fonds der bisher benutzten Vordrucke der Sparkassenbücher mit außerordentlich echten Farben (Mineralfarben) bedruckt waren. Aus diesem Grunde, und weil außerdem diese Farben zum Druck auch noch mit Firnis und dergl. präpariert werden, bleibt die Chlorlösung fast ohne Einwirkung auf die Farben. Wir haben uns davon überzeugt, daß man bei vorsichtiger Behandlung die Tintenschrift von ganzen Seiten solcher Sparkassenbücher entfernen kann, ohne daß auch bei sorgfältiger Betrachtung Spuren zu bemerken sind.

Wir haben daher empfohlen, weniger echte Farben zur Herstellung der Bücher zu wählen, haben eine Anzahl solcher Farblacke durchgeprüft, die zweckmäßigsten ausgewählt und vorgeschlagen, es sollten in Zukunft diese Farben von der Verwaltung den betreffenden Druckereien geliefert und diese verpflichtet werden, die zu liefernden Papiere nur mit diesen Farben herzustellen.

Ferner haben wir empfohlen, auch die in der Sparkasse zu verwendende Tinte sorgfältig auszuwählen und zu aller Sicherheit ist schließlich angeordnet worden, daß die in der Sparkasse ausschließlich zur Verwendung gelangende Tinte von unserem Amte hergestellt und geliefert wird. An andere Verwaltungen werden Lieferungen von Tinte durch unser Amt nicht gemacht.

U. A. 2169/02. **Fettmassen von den Rieselfeldern.** In dem Hauptzuleiter der Rieselfelder finden sich regelmäßig so große Massen von Fettstoffen vor, daß an deren gewerbliche Verwendung gedacht werden kann. — Der ganzen Sachlage nach kann angenommen werden, daß dieses Fett im wesentlichen aus Küchenabfällen herrührt, daß es wahrscheinlich im überschmolzenen Zustande in Form von Tröpfchen sich im Kanalwasser vorfindet und von diesem mitgeführt wird. Zur Abscheidung in fester Form gelangt es namentlich an den zahlreichen Korken, welche das Kanalwasser mit sich führt und welche die Oberfläche des oben genannten Hauptzuleiters in großer Ausdehnung bedecken.

Die uns übergebenen Fettmassen enthielten 50 % durch Äther extrahierbares Fett, welches die Köttstorffersche Verseifungszahl 175 hatte. Es wurde empfohlen, von einer Verwendung dieses Fettes zur Seifenfabrikation abzusehen, dagegen wurde anheimgestellt, die Verwendung zur Fabrikation von Wagenschmiere ins Auge zu fassen.

U. A. 2245/02. **Akkumulatoren-Schwefelsäure.** Die zur Füllung der Akkumulatoren verwendete Schwefelsäure muß bekanntlich sehr rein sein, wenn die Akkumulatoren nicht beschädigt werden sollen.

In einem Falle wurde uns von den städtischen Elektrizitätswerken eine verdünnte Schwefelsäure übergeben, welche im Liter 17,4 g Chlorwasserstoff (H Cl.) enthielt. — Es lag augenscheinlich ein Versehen seitens der liefernden Fabrik vor.

U. A. 1878/02. **Solin.** Das außerhalb Breslau, in Herrnprotsch, gelegene städtische Armenhaus ist mit „Solin-Beleuchtung" versehen, welche sich bisher gut bewährt hat. Diese Beleuchtung beruht darauf, daß ein „Solin" genannter Stoff, welcher eine bestimmte Sorte Petroleumäther darstellt, vergast wird. Die Mischung dieses Gases mit Luft gelangt zur Verbrennung und bringt Auersche Strümpfe zum Glühen bezw. Leuchten.

Das von der Installationsfirma gelieferte Solin sollte vertragsmäßig bei 85° C. sieden. Die Untersuchung ergab, daß dieses Solin bei 45° C. zu sieden begann und daß bis 85° rund 92 Volumprozent überdestillierten, während der Rest von 8 Volumprozent von 85—110° siedete.

Trotzdem wurde das Solin als den Lieferungsbedingungen entsprechend bezeichnet, weil die Destillate des Petroleums überhaupt keinen scharfen Siedepunkt zeigen, und weil der Siedepunkt der leichten Destillate im Verlaufe der Aufbewahrung erfahrungsgemäß wieder ansteigt.

U. A. 1974/02. **Streusalz für Straßenbahnen.** Ein solches von der Direktion der städtischen Straßenbahn zur Untersuchung gestelltes Präparat zeigte folgende Zusammensetzung.

Natriumchlorid 71,55 %	Wasser 6,74 %
Natriumsulfat 21,34 %	Unlöslich 0,37 %

Das Salz war augenscheinlich ein Abfallprodukt. Es war etwas feuchter als denaturiertes Steinsalz und dürfte sich beim Streuen voraussichtlich schwieriger verhalten als dieses.

U. A. 1041/02. **Bronzelegierungen.** Von der Verwaltung der städtischen Feuerwehr waren uns gelegentlich größerer Neuanschaffungen drei Schlauchkuppelungen übergeben worden zur Feststellung der Zusammensetzung der Metallsubstanz. Probe I stellte diejenige Legierung dar, welche sich bisher bewährt hatte, die Proben II und III sollten bedingungsgemäß die gleiche Zusammensetzung haben wie Probe I. Es wurden gefunden in Prozenten:

	I	II	III
Kupfer	88,55	85,53	84,60
Zinn	4,32	10,24	10,19
Zink	5,03	3,80	—
Blei	2,02	0,41	5,20

U. A. 2192/02. Schreibähne. Die Untersuchung von sog. „Schreibähnen" wurde wiederholt von Gerichten und anderen Behörden aus der Provinz beantragt. Wie zu erwarten war, hatten diese Schreibähne durchweg einen recht hohen Prozentsatz an Blei, der durchschnittlich etwa 80 % betrug.

Wir haben uns darauf beschränkt, diesen Bleigehalt festzustellen, lehnten indessen die Beurteilung der Gesundheitsschädlichkeit ab, ersuchten vielmehr, diese Frage der Beurteilung durch die medizinischen Sachverständigen zu unterbreiten. Gleichzeitig wiesen wir kurz auf die Liebreichschen Gutachten hin.

Es ist dies eine der Lücken, welche unser Gesetz betr. den Verkehr mit blei- und zinkhaltigen Gegenständen aufweist.

U. A. 2220/02. Flaschenkapseln. Von der Verwaltung eines natürlichen Mineralbrunnens waren uns Flaschenkapseln, sog. „Zinnkapseln", zur Feststellung ihrer Zusammensetzung übersendet worden. — Die Metallsubstanz derselben bestand aus: Zinn 6,2 %, Blei 93,4 %, nicht bestimmt 0,4 %.

Dies dürfte die Zusammensetzung der meisten Flaschenkapseln sein. Wenn auch diese Kapseln nicht unter das Gesetz betr. die bleihaltigen Gegenstände etc. fallen, so muß doch zugegeben werden, daß sie unter Umständen die Quelle für die Einführung von Blei in den menschlichen Organismus sein können.

U. A. 2029/02. Appretur-Präparat. Eine Leinenweberei hatte die Untersuchung eines Appretur-Präparates beantragt, das sich bewährt hatte, dessen nähere Zusammensetzung ihr zwar unbekannt war, von dem sie aber bestimmt angeben konnte, daß es durch Behandeln von Kartoffelstärke mit Wasser und einem unbekannten Zusatz während 20 Minuten bei $2\frac{1}{2}$ Atmosphären Dampfdruck hergestellt werde.

Die Untersuchung gab folgende Ergebnisse:

Trockenrückstand	35,30	Stickstoff	0,1
Wasser	64,70	Oxalsäure	vorhanden
Asche	0,71	Salpetersäure	vorhanden.
Phosphorsäure	Spur		

Hiernach bestand also das Präparat aus Stärke und deren Umwandlungsprodukten bis zum Dextrin. Fraglich blieb nur, ob die vorhandene Salpetersäure als solche zugesetzt war oder aus dem benutzten Wasser stammte, und ob die Oxalsäure als solche zugesetzt worden oder erst durch die Einwirkung der Salpetersäure entstanden war.

Im geschlossenen Rohr angestellte Versuche ergaben, daß diese Umwandlung bei 2—3 Atmosphären Druck sowohl durch Salpetersäure als auch durch Oxalsäure bewirkt werden könne.

U. A. 1135/02. Triumph-Salmiak-Terpentin-Waschpulver. Die Zusammensetzung dieses Präparates war:

Glührückstand 40,6 %, Fettsäuren 28,6 %, Wasser 30,8 %. Terpentinöl und Ammoniak ließen sich nicht nachweisen. — Hiernach war dieses Waschpulver zusammengesetzt aus rund 35 % Seifenpulver und 65 % verwitterter Soda. Möglicherweise sind auch ursprünglich Terpentinöl und Salmiakgeist zugesetzt worden, diese werden alsdann allmählich der Verflüchtigung anheimgefallen sein.

U. A. 2374/02. Antikesselstein-Mittel. Zwei unter dem Namen Ferrol eingelieferte Antikesselstein-Mittel wurden mit folgendem Ergebnis untersucht.

A. Eine Emulsion von saurer Reaktion. 1 Teil Petroleum ist mit 2 Teilen einer wässerigen Flüssigkeit in Emulsionsform gebracht worden. Die wässerige Flüssigkeit ist eine Abkochung von Quillajarinde mit etwa 5 % Kartoffelstärke. — Nicht ohne Interesse war die Feststellung, daß in der wässerigen Flüssigkeit Hefezellen und Oidium Lactis sich massenhaft entwickelt hatten trotz der Anwesenheit von Petroleum.

B. Eine alkalische Flüssigkeit, aus 2 Schichten bestehend. 1 Teil Petroleum ist mit 4 Teilen einer rund 5 % Seife enthaltenden wässerigen Flüssigkeit zu emulgieren versucht worden. Möglicherweise enthält die wässerige Flüssigkeit auch Bestandteile der Quillajarinde (Saponin).

Der wesentliche Bestandteil beider Präparate besteht demnach aus Petroleum, dem altbekannten Kesselsteinmittel.

U. A. 2312/02. Antinaphthalin. Mit diesem Namen wird eine an Gasanstalten gelieferte Flüssigkeit bezeichnet, welches den Zweck hat, die Naphthalin-Ansammlungen in den Gasleitungsröhren in Lösung zu bringen.

Die Flüssigkeit hatte das spez. Gewicht 0,8612 bei 15° und bestand aus 40 Volumen denaturiertem Spiritus und 60 Volumen Benzol. Die Identität des Benzols wurde erwiesen durch Überführen in Anilin, ferner durch Kristallisierenlassen in der Kälte.

U. A. 1113/02. Mikrosol. Unter dem vorstehenden Namen kommt ein Präparat im Handel vor, welches als Desinfektionsmittel empfohlen wird und sich nach einer Mitteilung von uninteressierter Seite aus der Praxis besonders in Brennereien bewährt haben soll. In Kellern von Brennereien soll ein Anstrich des mit der zehnfachen Menge Wasser gelösten Präparates die Holzteile in wirksamer Weise gegen Schimmelwachstum schützen.

Das Mikrosol stellte eine grünliche, feuchte, plastische Paste dar, welche stark nach schwefliger Säure riecht und in Wasser nahezu klar löslich ist. Das Mittel besteht zu etwa 75 % aus kristallwasserhaltigem Kupfervitriol, außerdem sind vorhanden rund 10 % phenolschwefelsaures Kupfer, neben 2,3 % freier Schwefelsäure. Der Rest besteht aus Wasser und Verunreinigungen.

Die Nachbildung ist von uns in folgender Weise ausgeführt worden: 5 Teile rohe Karbolsäure wurden mit 6 Teilen roher konzentrierter Schwefelsäure gemischt und bis zur Bildung der Phenolschwefelsäure erhitzt. Das Reaktionsprodukt wurde mit Wasser gemischt und die Lösung mit basischem Kupferkarbonat gesättigt. Die Lösung des phenolschwefelsauren Kupfers wurde zur Sirupkonsistenz eingedampft und der hinterbliebene Sirup mit 75 Teilen gepulvertem Kupfervitriol und soviel Wasser vermischt, als zur Pastenbildung erforderlich war.

Ob in der Praxis wirklich in dieser Weise gearbeitet wird, oder ob das phenolschwefelsaure Kupfer als Nebenprodukt irgend einer Fabrikation entstammt, entzieht sich unserer Kenntnis, dagegen erklärt der hohe Gehalt an Kupfervitriol die gute Wirkung des Präparates, nur wirft sich zugleich die Frage auf, ob nicht mit Kupfervitriol allein die gleiche Wirkung zu erzielen wäre.

U. A. 980/02. Siderosthen-Lubrose. Unter diesem wohlklingendem Namen ist ein Anstrichmittel zu verstehen, welches als vorzügliches Schutzmittel des Eisens gegen Rost, aber auch als inwendiger Anstrich gemauerter und abgeputzter Wasserbassins empfohlen wird. Infolge ihrer Elastizität soll die Lubrose ein Abspringen des Putzes und Undichtwerden der Bassins verhindern.

Die Untersuchung war von einer städtischen Verwaltung beantragt. Die Fragestellung lautete: Aus welchen Bestandteilen besteht das Präparat und ist es im stande die Kesselsteinbildner zu erhöhen, bezw. schädlich auf Kesselspeisewasser einzuwirken?

Die Untersuchung ergab, daß das interessante Präparat eine Auflösung von ca. 70 Teilen Steinkohlenteer in ca. 30 Teilen Leichtöl war. Der Aschengehalt betrug rund 4%, die Asche bestand im wesentlichen aus Ton.

Es ist vorauszusehen, daß ein solches Präparat die Eigenschaften eines Teeranstrichs haben wird, welcher für die genannten Zwecke allerdings erprobt ist.

U. A. 1491/02. Pissoiröl. Im Auftrage der städtischen Marstallverwaltung untersucht, erwies sich als ein von Phenolen sorgfältig befreites Teeröl, Nebenprodukt der Destillation des Steinkohlenteers, vom spezifischen Gewicht 0,983 bei 15° C.

U. A. 2373/02. Putztücher. In einem Zivilprozeß wurden uns drei Sorten Putztücher vorgelegt mit der Aufgabe, deren Bestandteile festzustellen und uns über die Brauchbarkeit der Tücher zu äußern. Die Untersuchung ergab folgendes Resultat:

1. Metallputz. Rote Baumwolltücher. Ätherextrakt 0,75%, Asche 3,33%. Die Asche enthielt ein eisenhaltiges Poliermittel, mutmaßlich Haematit. Diese Tücher wirkten also etwa in gleicher Weise wie die roten Lederlappen, welche Juweliere zum letzten Abputzen bereits blanker Gegenstände benutzen.

2. Schuhputz. Gelbe Tücher. Alkohol-Ätherextrakt = 8%. Dieses Extrakt besteht aus einer Mischung von Ceresin mit Wachs und gelbem Farbstoff. Die Mischung ist in Form einer Terpentinöl-Auflösung den Tüchern einverleibt worden. Ein Tuch enthält etwa 2 g der Mischung. Hiernach läßt sich die Wirkung dieses Tuches zum Putzen von Schuhen unschwer bewerten.

3. Möbelputz. Olivenfarbige Tücher. Enthalten etwa 10% Alkohol-Ätherextrakt, welches gleichfalls aus einer Ceresin-Wachsmischung besteht. Ein Tuch enthält etwa 3 g der Mischung.

Die Tücher wirken beim bestimmungsgemäßen Gebrauche wie Staubfänger, einen Politur-Überzug aber kann man mit denselben nicht erzeugen.

U. A. 1291/02. Vigogne-Strumpf. Unter Vigogne ist Halbwolle zu verstehen, d. h. ein aus einem Baumwollfaden bestehendes Garn, welches mit Wolle umsponnen ist. Es war uns die Aufgabe gestellt worden, festzustellen, in welchen Verhältnissen Wolle und Baumwolle zugegen waren. Wir verfuhren wie folgt:

Der Strumpf wurde zunächst in lauwarmem Wasser gründlich gewässert, dann getrocknet. Ein Stück des Gewebes von etwa 150 qcm Flächeninhalt wurde bei 100°

bis zum gleichbleibenden Gewicht getrocknet, dann auf dem Wasserbade mit (wiederholt erneuerter) 7,5 %iger Natronlauge erwärmt, bis die Wolle vollständig in Lösung gegangen war. Es wurde alsdann gewässert, mit etwa 5 %iger Salzsäure ausgezogen, wiederum gewässert und bei 100° getrocknet. Es hinterblieb das Baumwollgewebe, welches direkt gewogen wurde. Gefunden von zwei verschiedenen Analytikern:

61,4 bezw. 61,5 % Baumwolle.

Das Verfahren eignet sich auch sehr gut, um zu Demonstrationszwecken die Zusammensetzung der Vigogne zu zeigen. Wir haben zu diesem Zwecke von einem solchen Strumpfe die Spitze mit Natronlauge behandelt und dadurch den in der Wolle steckenden baumwollenen Strumpf freigelegt.

U. A. 1230/02. Zündhölzer. Die Untersuchung dieser Hölzer stand im Zeichen des Verbotes des weißen Phosphors zur Herstellung von Streichzündhölzern. Die Masse war von einer Zündholzfabrik übergeben worden zur Feststellung, ob dieselbe (welche aus Kaliumchlorat, Bleithiosulfat, Kupferrhodanat, Schwefelantimon, Gemenge und amorphem Phosphor bestand) tatsächlich frei von weißem Phosphor sei.

Die Untersuchung ergab, daß bei dem üblichen Verfahren des Nachweises nach Mitscherlich sich die Anwesenheit gewöhnlichen Phosphors mit Leichtigkeit nachweisen ließ. Wenn wir annehmen dürfen, daß die bezüglichen Angaben der Fabrik zutreffend waren, so würde dieser Gehalt darauf zurückzuführen sein, daß der rote Phosphor des Handels immer noch weißen Phosphor enthält.

Dieser Umstand wird nach Inkrafttreten des Phosphorverbots zu beachten sein, wenn Streichzündhölzer häufiger als bisher zur Prüfung auf das Vorhandensein von weißem Phosphor gelangen werden.

U. A. 1369/02. Calciumkarbid. Ein Calciumkarbid, von welchem angenommen wurde, daß sein Gehalt an Calciumphosphid den üblichen Prozentsatz übersteige, sollte auf die Ausbeute an Acetylen und diejenige an Phosphorwasserstoff untersucht werden.

Das Ergebnis war, daß sich aus 1 kg des Calciumkarbids = 274 Liter Acetylen bei 15° C und 760 mm B, ferner 0,111 g Phosphorwasserstoff (PH_3) entwickeln lasse.

U. A. 2098/02. Knollenbildung in eisernen Leitungsrohren. Aus einer Provinzial-Irrenanstalt in Schlesien wurden uns eine Anzahl von eisernen Wasserleitungsrohren übersendet, welche enorme Knollenbildung zeigten. Die Lumina der Röhren waren durch die Knollen nahezu zugesetzt. Die Direktion machte für die Entstehung der Knollen ein oberhalb der Anstalt gelegenes Emaillierwerk verantwortlich, welches angeblich seine, freie Salzsäure und andere Mineralsäuren enthaltenden Abwässer in den Anstaltsteich entleere.

Hierfür bot nun zunächst die wiederholte Analyse des Teichwassers keinerlei Anhalt. Das Wasser war neutral bezw. schwach alkalisch, frei von Nitraten, Nitriten und fast frei von Sulfaten. Die Menge des gebundenen Chlors betrug im Liter 0,038 g.

Auch die Untersuchung der Knollen selbst bestätigte die Ansicht der Direktion nicht; die an der Luft getrockneten Knollen in zwei Rohren zeigten z. B. folgende Zusammensetzung:

	Rohr 1	Rohr 2
Sand	— %	8,0 %
Kieselsäure, hydratisch	2,04 =	4,81 =
Eisenoxyd	85,90 =	72,06 =
Calciumoxyd	Spur	1,21 =
Magnesiumoxyd	Spur	Spur
Kohlensäure	1,09 =	Spur
Wasser + organ. Substanz	10,41 =	11,0 =
Schwefelsäure	Spur	2,78 =
Chlor	Spur	Spur
Phosphorsäure	Spur	Spur

Zinn, Kupfer, Blei, Zink waren in den Knollen nicht vorhanden.

Die Knollen waren auch in diesem Falle durch inneres Rosten der Eisensubstanz des Rohres entstanden. Im vorliegenden Falle war es außerdem von Interesse, daß unter der Eisenhydroxydschicht das Eisenrohr von braunschwarzer Farbe und so mürbe war, daß man mit einem Messer leicht 0,5—1 cm tief in diese Teile des Rohres eindringen konnte und dann erst auf festes Eisenmetall gelangte. Es machte den Eindruck, als sitze zwischen metallischem Eisen und Eisenoxyd eine Schicht von Eisenoxyduloxyd. Ferner soll nicht unerwähnt bleiben, daß gerade die Rohre der Warmwasserleitung die Knollenbildung am stärksten zeigten.

Der Zerstörung in den Erdboden verlegter eiserner Rohre wird jetzt mehr Aufmerksamkeit zugewendet als früher. Freund hat (Ztschr. für angewandte Chemie 1904, S. 45) zu diesem Thema einen sehr wichtigen Beitrag geliefert. Wir selbst haben in unserem Jahresberichte für 1897/98 S. 57 über ähnliche Zerstörungen berichtet. — In unseren Fällen indessen handelte es sich, genau so wie in den jetzt mitgeteilten des Jahres 1902, um Knollenbildung im Innern der Rohre; in unseren Fällen war die innere Rohrwandung zerstört. Die Mitteilungen von Freund dagegen beziehen sich auf Zerstörungen der äußeren Rohrwandungen, also auf Zerstörungen, welche von außen nach innen stattfinden. Beide Erscheinungen sind u. E. nicht zusammenzuwerfen. Bei den Freundschen Beobachtungen scheint die Zerstörung durch im Erdboden kreisende „Bummelströme" verursacht worden zu sein. Bei den bisher von uns beobachteten Zerstörungen handelt es sich um eine einfache Oxydation des Eisens. Wodurch diese aber verursacht wird, das ist die noch aufzuklärende Frage.

Soweit wir das vorliegende Tatsachenmaterial bis jetzt übersehen, scheint auch die Substanz des Eisens eine Rolle bei unseren Zerstörungen zu spielen, aber völlig klar sind wir uns über diese Frage bisher nicht geworden.

U. A. 941/02. Antimorphin-Fromme. Von der Verwaltung eines städtischen Krankenhauses wurden wir um Erstattung eines Gutachtens darüber ersucht, ob das oben genannte Präparat Morphin enthalte. Dasselbe gelangte damals in Flaschen von ca. 60 ccm Inhalt in den Handel, der Verkaufspreis betrug 18 ℳ (in Worten: Achtzehn Mark) für eine Flasche. Hergestellt wurde das Mittel von dem Besitzer einer Nervenheilanstalt Dr. med. Fromme in Stellingen bei Hamburg. Empfohlen wurde es zur Behandlung des chronischen Morphinismus, wobei die beigegebenen Broschüren in mehr oder minder klarer Form die Versicherung enthielten, das Mittel sei frei von Morphin bezw. von Opiaten.

Die ausgeführte Untersuchung ergab das bemerkenswerte Resultat, daß das Mittel als wesentlichen und wirksamen Bestandteil ca. 1 % Morphin enthalte. Die Identität der abgeschiedenen Base mit Morphin wurde festgestellt durch die bekannten chemischen Reaktionen, durch Ausführung der Elementar-Analyse und durch die Bestimmung der spezifischen Drehung des salzsauren Salzes. Wir hielten uns im Interesse der Allgemeinheit für verpflichtet, die erhaltenen Ergebnisse zu veröffentlichen und zwar geschah dies durch einen in der „Chemischen Gesellschaft zu Breslau" gehaltenen Vortrag, ferner durch eine Veröffentlichung in der Chemiker-Zeitung (Chemiker-Zeitung 1902, No. 60).

Die Mitteilung wurde von Herrn Dr. Fromme und von der Firma, welcher der Vertrieb des Mittels übertragen worden war, auf das energischste bekämpft. Die Genannten behaupteten, wir hätten uns in unserer Analyse geirrt, sie würden den Beweis erbringen, daß sie das Opfer unserer fehlerhaften Untersuchung geworden seien.

Diese Streitfrage blieb glücklicherweise nicht in den wissenschaftlichen Journalen vergraben; das „Berliner Tageblatt" nahm sich der Angelegenheit an und verschaffte ihr die weiteste Publizität.

Nach verhältnismäßig kurzer Zeit wurden die Ergebnisse unserer Arbeit durch Veröffentlichungen deutscher und ausländischer Fachgenossen in allen Punkten bestätigt. Damit war die Rolle des Antimorphins ausgespielt, die Firma, welche den Verkauf des Mittels übernommen hatte, machte öffentlich bekannt, daß sie den Vertrieb des Mittels eingestellt habe.

U. A. 2173/02. Nicolicin. Dieses Präparat wurde von einer chemischen Fabrik Oskar Nicolai in Jüchen und Düsseldorf hergestellt und gleichfalls als Heilmittel des chronischen Morphinismus empfohlen. Eine Flasche von 100 ccm Inhalt kostete 12 ℳ (in Worten: Zwölf Mark).

Die Untersuchung hat ergeben, daß auch dieses Mittel als wesentlichen und wirksamen Bestandteil ca. 3 % Morphin enthalten hat.

Man wird unter diesen Umständen gut tun, in Zukunft jedes Mittel, welches gegen Morphinismus angepriesen wird, ohne weiteres auf Morphin oder dessen nähere Derivate zu prüfen. Der Verdacht wird in der Mehrzahl der Fälle begründet sein.

MIX
Papier aus verantwortungsvollen Quellen
Paper from responsible sources
FSC® C105338

If you have any concerns about our products,
you can contact us on
ProductSafety@springernature.com

In case Publisher is established outside the EU,
the EU authorized representative is:
**Springer Nature Customer Service Center GmbH
Europaplatz 3, 69115 Heidelberg, Germany**

Printed by Libri Plureos GmbH
in Hamburg, Germany